Erläuterungen

zu den

Normalien für isolierte Leitungen in Starkstromanlagen,

den

Normalien für isolierte Leitungen in Fernmeldeanlagen

sowie den

Kupfernormalien.

Im Auftrage des Verbandes
Deutscher Elektrotechniker

herausgegeben von

Dr. Richard Apt.

Berlin.
Verlag von Julius Springer.
1915.

ISBN-13: 978-3-642-89501-2   e-ISBN-13: 978-3-642-91357-0
DOI: 10.1007/978-3-642-91357-0

Alle Rechte, insbesondere das der Übersetzung
in fremde Sprachen, vorbehalten.
Softcover reprint of the hardcover 1st edition 1915

Vorwort.

Isolierte Leitungen und Kabel gehören technisch und wirtschaftlich zu den wichtigsten Erzeugnissen der Elektrotechnik. Das Bedürfnis nach Einheitlichkeit in Qualität und Aufbau veranlaßte den Verband Deutscher Elektrotechniker zur Schaffung der Normalien für diese Fabrikate, die sich für Verbraucher und Hersteller gleich bedeutungsvoll erwiesen haben. Entsprechend der immer weiter fortschreitenden Verwendung der Elektrizität in Industrie und Haushalt sind seit der ersten Aufstellung im Jahre 1901 auch die Normalien für isolierte Leitungen inhalt- und umfangreicher geworden. Die für derartige Vorschriften notwendige gedrängte Form und Knappheit im Ausdruck gestattet dabei vieles entweder nicht auszuführen oder nur anzudeuten, was für die sinngemäße Anwendung wichtig ist. So entstand, durch mancherlei Mißverständnisse und zahlreiche Anfragen begründet, immer dringlicher das Bedürfnis, eingehende Erläuterungen zu den Normalien zu verfassen, in denen die wichtigsten Grundsätze ausführlich dargestellt, zweifelhafte Begriffe nach den vorhandenen Möglichkeiten auseinandergesetzt und die wesentlichsten Bestimmungen durch Eingehen auf die Motive begründet werden. Seit dem Jahre 1904 tätigen Anteil nehmend an den Arbeiten der Draht- und Kabelkommission des V. D. E., habe ich mich gern dieser Arbeit unterzogen. Aus naheliegenden Gründen erschien es mir zweckmäßig, die Erläuterungen der Kupfernormalien voranzustellen, und um eine vollständige Darstellung der Tätigkeit des V. D. E. auf dem Gebiete der elektrischen Leitungen zu geben, auch die erst im letzten Jahre geschaffenen Normalien für isolierte Leitungen in Fernmeldeanlagen in den Inhalt dieses Buches mit einzubeziehen. Die Verhandlungen und Beschlüsse der Draht- und Kabelkommission waren im allgemeinen die Richtlinien für die Auslegung grundsätzlicher Punkte. An manchen Stellen bin ich, über den Rahmen einer „Erläuterung" hinausgehend, weiter ausholend auf wichtige Fragen der Kabeltechnik eingegangen, wenn nach meinen Erfahrungen Aufklärung und Belehrung des diesem Spezialfache ferner Stehenden ratsam schien. Ob und in welchem Grade die gewählte Anordnung, die Ausführlichkeit der Darstellung und die Auswahl der zu erläuternden Fragen den Bedürfnissen der praktischen Verwendbarkeit entspricht, möchte ich dem Urteil der Fachgenossen überlassen. Meine Bitte geht dahin, daß alle diejenigen, die dieses Buch benutzen, in möglichst reichem Maße mir mitteilen, wo Lücken empfunden wurden oder Abänderungen erwünscht erscheinen, damit es bei weiteren Auflagen gelingt, diese Erläuterungen immer mehr zu einem praktischen Führer durch das Gebiet der Leitungs-Normalien zu gestalten.

Herrn Generalsekretär Dettmar und Herrn Dipl.-Ing. Schlesinger spreche ich auch an dieser Stelle meinen Dank aus für die freundliche Förderung, die sie meiner Arbeit durch ihre Ratschläge haben zu Teil werden lassen.

Die Herausgabe der Erläuterungen fällt in eine Zeit, in der der Zwang der Verhältnisse dazu geführt hat, wichtige Teile der Leitungsnormalien unerfüllbar zu machen und Ausnahmebestimmungen zu erlassen. Ich habe davon Abstand genommen, diese Kriegsnormalien und ihre Erläuterungen in das vorliegende Buch mit aufzunehmen, weil sie einen durchaus vorübergehenden Charakter tragen und nach Beendigung des Krieges fast sämtlich wieder verschwinden dürften.

Berlin-Treptow, im September 1915.

Dr. Richard Apt.

Inhaltsverzeichnis.

	Seite

I. Kupfernormalien 7
  A. Einleitung 7
  B. Wortlaut der Kupfernormalien 10
  C. Erläuterungen 11
    1. Normaltemperatur 11
    2. Spezifischer Widerstand 11
    3. Temperatur-Korrektion 12
    4. Leitungskupfer 12
    5. Drall 13
    6. Kontrolle des Grenzwertes 14
    7. Querschnittsermittelung 14
    8. Internationale Kupfernormalien 15
    9. Erläuterung der internationalen Kupfernormalien 17

II. Normalien für isolierte Leitungen in Starkstromanlagen 18
  A. Einleitung 18
  B. Wortlaut der Normalien 20
  C. Erläuterungen 39
    1. Einteilung der Normalien 39
    2. Leitermetall 40
    3. Verzinnung 40
    4. Gummihülle 42
    5. Kennfaden 49
    6. Verwendungsbereich 50
    7. Gummiaderleitungen 51
    8. Besondere Bauart der G.-A.-Leitungen . . 52
    9. Spannungsprüfung der G.-A.-Leitungen . . 53
    10. Spezialgummiaderleitungen 55
    11. Rohrdrähte 55
    12. Panzeradern 58
    13. Fassungsadern 59
    14. Pendelschnüre 60
    15. Allgemeines über bewegliche Leitungen . . 62
    16. Zimmerschnüre 62
    17. Traglitzen, Erdungsleiter und Metallbewehrung bei Zimmerschnüren 65
    18. Werkstattschnüre 66
    19. Erdungsleiter bei Werkstattschnüren . . . 67
    20. Spezialschnüre 68
    21. Hochspannungsschnüre 69

		Seite
22.	Leitungstrossen	70
23.	Besondere Bauart der Leitungstrossen	71
24.	Gummibleikabel	74
25.	Einleiter-Gleichstrom-Bleikabel	75
26.	Konstruktionstabelle für Einleiterkabel	75
27.	Prüfung der Einleiterkabel	77
28.	Aluminiumkabel	78
29.	Mehrleiter-Bleikabel	79
30.	Konzentrische Bleikabel	79
31.	Prüfung der Mehrleiterkabel	80
32.	Konstruktionstabellen für Mehrleiterkabel	83
33.	Belastungstabelle für gummiisolierte Leitungen	84
34.	Belastungstabelle für Bleikabel	86
35.	Belastungstabelle für Aluminiumkabel	90

III. Normalien für isolierte Leitungen in Fernmeldeanlagen. (Schwachstromleitungen) 91

A. Einleitung 91

B. Wortlaut der Normalien 94

C. Erläuterungen 99

    1. Allgemeines 99
    2. Asphaltdraht 100
    3. Draht mit Papierisolation 100
    4. Draht mit Lack- und Faserstoffisolation . 101
    5. Gummiaderdraht 102
    6. Kabel ohne Bleimantel 103
    7. Kabel mit Bleimantel 103
    8. Schnüre 104

Sachregister 105

Zur Beachtung:

a) Die am Rande des Wortlautes der Normalien stehenden fett gedruckten Bezugsziffern beziehen sich auf die Nummer der bezüglichen Erläuterung.

b) E V = Errichtungsvorschriften des Verbandes Deutscher Elektrotechniker (Vorschriften für die Errichtung elektrischer Starkstromanlagen, gültig ab 1. Juli 1915).

I. Kupfernormalien.

A. Einleitung.

Kein wichtigeres Material gibt es für die Elektrotechnik als Kupfer. Von dem gesamten Kupferverbrauch Deutschlands entfallen nahezu 50% auf die elektrotechnische Industrie. Da die elektrischen Eigenschaften des Kupfers je nach Herkunft, Gewinnungsart und Reinheit beträchtlichen Schwankungen unterworfen sind, machte sich schon früh das Bedürfnis geltend, bestimmte Ziffern als Normalwerte festzulegen. Der Wirkungsgrad elektrischer Maschinen und Kabel, die Belastungsfähigkeit der Leitungen hängt so wesentlich von den Eigenschaften des Kupfers ab, daß auch der Verband Deutscher Elektrotechniker dazu gedrängt wurde, sich mit dieser Frage zu befassen.

So stellten die im Jahre 1896 zuerst herausgegebenen Kupfernormalien neben den Sicherheitsvorschriften eine der frühesten Arbeiten des Verbandes auf dem Gebiete der Normalisierung dar. In den Jahren 1903 und 1904 wurden die Kupfernormalien redaktionell abgeändert und mit ergänzenden Zusätzen versehen; im wesentlichen sind die genannten drei Fassungen indessen identisch. Ihr Grundgedanke besteht darin, daß ein chemisch reines Kupfer von höchster Leitfähigkeit als Normalkupfer festgesetzt wurde und daß diesem Normalkupfer das industriell verwendete Leitungskupfer gegenübergestellt ist, dessen Leitfähigkeit in Prozenten des Normalkupfers auszudrücken ist. Für die Leitfähigkeit ist eine untere Grenze normiert, die von dem industriell als brauchbar zu bezeichnendem Leitungskupfer unter keinen Umständen unterschritten werden darf; außerdem ist eine Zahl für den Temperaturkoeffizienten angegeben. Als Normalkupfer von 100% war ein Kupfer solcher Beschaffenheit bezeichnet, daß ein Draht von 1 m Länge und 1 mm^2 Querschnitt einen Leitwert von 60 Siemens hat. Die untere zulässige Grenze war mit 57 Siemens angesetzt, als Temperaturkoeffizient war 0,4% für 1°C angegeben. In der zweiten und dritten Fassung der Kupfernormalien vom Jahre 1904 und 1906 wurde die wichtige Forderung zugefügt, daß Querschnitte von Leitungskupfer grundsätzlich durch Widerstandsmessungen zu ermitteln sind. Diese Bestimmung sollte den Zweck haben, demjenigen, der ein sehr hochwertiges Kupfer benutzt, dafür die Verwendung eines geringeren geometrischen Querschnittes zu gestatten, wobei der Gedanke maßgebend war, daß es bei einer Leitung nicht auf die Masse des in derselben enthaltenden Kupfers ankomme, sondern lediglich darauf, daß ein bestimmter Widerstand nicht überschritten wird; Bedenken dagegen konnten nicht bestehen, da anderseits durch die Festlegung einer unteren Grenze für die Leitfähigkeit die Verwendung eines zu geringwertigen Kupfers unter gleichzeitiger Erhöhung des Querschnittes verhindert war.

Wenn auch die Beziehung der Leitfähigkeit eines beliebigen Kupfers auf das Normalkupfer insofern bequem war, als durch die Gegenüberstellung der Prozentzahlen ein unmittelbarer Vergleich qualitativ verschiedenartiger Leitungen möglich wurde, so stellten sich doch im Laufe der Jahre in der Praxis Unzuträglichkeiten heraus, die es wünschenswert erscheinen ließen, die Bezugnahme auf das ideale Normalkupfer fallen zu lassen und sich lediglich auf die Festlegung einer zahlenmäßigen oberen Grenze des spezifischen Widerstandes für Leitungskupfer zu beschränken. Diese Schwierigkeiten rühren im wesentlichen daher, daß bei der prozentischen Bezugnahme Verwechselungen — zuweilen zu Täuschungszwecken auch absichtlich — vorkamen. So wurde gelegentlich, namentlich bei Festlegung der Werte für Kupferlegierungen der Prozentsatz nicht auf den Wert des Normalkupfers 60, sondern auf die untere zulässige Grenze 57 bezogen, und unliebsame Differenzen traten häufig auf. Erwägungen dieser Art führten im Jahre 1906 zu der veränderten Fassung der Kupfernormalien, die im wesentlichen der heutigen entspricht.

Inzwischen hatte sich auch in der deutschen elektrotechnischen Industrie für den Export sehr bald das Bedürfnis herausgestellt, internationale Vereinbarungen zu schaffen. Es erschien als ein unerträglicher Zustand, daß England, Amerika, Frankreich und Deutschland verschiedene Normalwerte für Kupfer besaßen. Während in Amerika der sogenannte Matthiessen Standard fast allgemein eingeführt und der Normalwert auf einen Kupferdraht von 1 m Länge und 1 g Gewicht bezogen war, rechnete England mit den Normalien des Engineering Standards Comittee, die auch wieder von den amerikanischen Zahlen abwichen. Es wurde daher seitens der elektrotechnischen Industrie dankbar anerkannt, daß die internationale elektrotechnische Kommission sich der Aufgabe unterzog, einheitliche internationale Kupfernormalien aufzustellen, durch die Normalwerte für Widerstand, Temperaturkoeffizienten und spezifisches Gewicht geschaffen werden sollten, die allen Berechnungen in den genannten Industrieländern zugrunde gelegt werden können. Den vereinten Bemühungen der staatlichen Anstalten, insbesondere der physikalisch-technischen Reichsanstalt, und dem amerikanischen Bureau of Standards, ist es auf Grund sorgfältig durchgeführter Untersuchungen gelungen, diese Arbeiten zu einem erfolgreichen Abschluß zu führen. Auf ihrer Tagung in Berlin im Herbst 1913 wurden die internationalen Kupfernormalien von der internationalen elektrotechnischen Kommission einstimmig angenommen.

Der Preis des Kupfers ist erheblichen Schwankungen unterworfen. An den Metallbörsen in New York, London, Hamburg und Berlin wird Kupfer börsenmäßig gehandelt und regelmäßige Kurse werden festgesetzt. Bei der Bedeutung, die die Kupfernotierungen auch für denjenigen haben, der Kupferleitungen kauft und anwendet, erscheint es angebracht, auch hier das Wesentliche über die Festsetzung der Kupferpreise und die dabei beobachteten Gebräuche anzuführen. Haupthandelsmarke ist das sogenannte Standardkupfer. Als Standardkupfer gilt raffiniertes Kupfer mit einem Reingehalt von 99 bis 99,3 %. Neben diesem Kupfer können jedoch, gegen einen nach dem Reingehalt abgestuften Zu- oder Abschlag, auch andere Kupfermarken bei einem Kontrakt- oder Termingeschäft geliefert werden. Sämtliche Börsennotizen beziehen sich zunächst lediglich auf Standardkupfer. Zu elektrischen Leitungen wird nun ausschließlich Elektrolytkupfer benutzt, das einen höheren Feingehalt als Standardkupfer besitzt. Für Elektrolytkupfer besteht leider eine offizielle Börsennotiz nicht. Der Verkauf dieses Materials ist in wenigen starken Händen konzentriert, so daß einseitige Beeinflussungen börsenmäßiger Notierungen zu befürchten wären. Lediglich an der Londoner Börse erfolgt eine private Notierung, die in der Regel den niedrigsten und höchsten Preis enthält, zu dem Geschäfte abgeschlossen wurden. Regelmäßige Veröffentlichungen über die Preisbewegungen des Elektrolytkupfers, indessen gleichfalls privater Art, werden in England herausgegeben. Die bekannteste derselben ist die Notiz im Mining Journal, das am Freitag jeder Woche den niedrigsten und höchsten Preis für die abgelaufene Woche enthält. Hierbei ist zu beachten, daß usancemäßig die Notierungen des Mining Journal einen Aufschlag von $3\frac{1}{2}\%$ gegenüber den wirklichen Preisen enthalten. Ein anderer verbreiteter englischer Marktbericht ist der Daily commercial report von Bagot und Thompson, der gleichfalls täglich je zwei nach privater Schätzung abgefaßte Preise über Elektrolytkupfer enthält.

Bei den erheblichen Schwankungen des Materials hat sich der Gebrauch herausgebildet, bei langfristigen Abschlüssen auf Leitungsmaterialien eine sogenannte Kupferklausel einzuführen. Eine gebräuchliche Kupferklausel in Deutschland lautet folgendermaßen:

„Die Kabelpreise basieren auf einem Grundpreis für Elektrolytkupfer von 55—60 £ pro Tonne und erhöhen sich um 20 Pf. für 1 mm² Kupferquerschnitt und 1000 m Länge für jedes angefangene £, oder erniedrigen sich um den gleichen Betrag für jedes volle 1 £, um welches die Londoner Elektrolytkupfer-Notierung an dem dem Auftragseingang vorhergehenden Freitag höher als 60 £ oder niedriger als 55 £ ist. Unter Londoner Elektrolytkupfer-Notierung ist derjenige höchste Brutto-Preis zu verstehen, welcher für den, dem Auftragseingang vorhergehenden Freitag im Mining Journal für Elektrolytkupfer veröffentlicht ist."

Da es sich bei der Umrechnung der Kupferklausel nur um relative Differenzen handelt, ist es gleichgültig, welche Kupfernotierung eingesetzt wird, wenn man sich nur ein für allemal auf dieselbe Veröffentlichung verständigt. Der Bequemlichkeit und erwiesenen Zuverlässigkeit halber hat man sich auch bei deutschen Kontrakten bisher fast durchgehends auf die Notierungen im Mining Journal geeinigt. Es bleibt abzuwarten, wie sich in Zukunft die Verhältnisse auf dem Metallmarkt gestalten werden.

B. Wortlaut.

Kupfernormalien.

Gültig ab 1. Juli 1914.*)

§ 1.

Leitungskupfer darf für 1 km Länge und 1 mm²
1. Querschnitt bei 20° C keinen höheren Widerstand
2. haben als 17,84 Ohm.

Der Widerstand eines Leiters von 1 km Länge und 1 mm² Querschnitt wächst um 0,068 Ohm
3. für 1° C Temperaturzunahme.

§ 2.

Kupferleitungen müssen aus Leitungskupfer
4. hergestellt sein. Die wirksamen Querschnitte von Kupferleitungen sind grundsätzlich aus Wider-

---

*) Angenommen auf der Jahresversammlung 1914. Veröffentlicht: „ETZ" 1914, S. 366. Vor obenstehender Fassung haben mehrere andere Fassungen bestanden. Über die Entwicklung gibt nachstehende Tabelle Aufschluß.

Fassung	Beschlossen	Gültig ab	Veröffentl. ETZ
Erste Fassung	18. 2. 96	1. 7. 96	96 S. 402
Erste Änderung	8. 6. 03	1. 7. 03	03 S. 687
Zweite Änderung	24. 6. 04	1. 7. 04	04 S. 687
Zweite Fassung	25. 5. 06	1. 1. 07	06 S. 666
Dritte Fassung	26. 5. 14	1. 7. 14	14 S. 366

standsmessungen zu ermitteln, wobei für 1 mm² ein kilometrischer Widerstand von 17,84 Ohm (vgl. § 1) einzusetzen und für Litzen und Mehrfachleiter die Länge des fertigen Kabels, also ohne Zuschlag für Drall, zu nehmen ist. 5.

§ 3.

Bei der Untersuchung, ob eine Kupferleitung 6. aus Leitungskupfer hergestellt ist, bzw. ob diese den Bedingungen des § 1 entspricht, ist der Querschnitt durch Gewicht- und Längenbestimmung eines einfachen gerade gerichteten Leiterstückes zu ermitteln, wobei, falls eine besondere Ermittlung des spezifischen Gewichtes nicht vorgenommen wird, für dieses der Wert 8,89 einzusetzen ist. 7.

International ist folgendes vereinbart: 8.

1. Bei der Temperatur von 20° C beträgt der Widerstand eines Drahtes aus mustergültigem, geglühtem Kupfer von einem Meter Länge und einem gleichmäßigen Querschnitt von einem Quadratmillimeter $1/58$ Ohm $= 0,01724$.. Ohm.

2. Bei der Temperatur von 20° C beträgt die Dichte des mustergültigen geglühten Kupfers 8,89 g für das Kubikzentimeter.

3. Bei der Temperatur von 20° C beträgt der Temperaturkoeffizient für den Widerstand, der zwischen dem zwei fest an den Draht angebrachten, zur Spannungsmessung bestimmten Ableitungen ermittelt wird, 0,00393 oder 1/254,5 für einen Grad Celsius (bei gleichbleibender Masse).

4. Es folgt daher aus 1. und 2., daß bei der Temperatur von 20° C der Widerstand eines Drahtes aus mustergültigem, geglühten Kupfer von gleichmäßigem Querschnitt, von einem Meter Länge und einer Masse von einem Gramm $1/58 \times 8,89 = 0,15328$ Ohm beträgt. 9.

C. Erläuterungen.

1. Mit Rücksicht auf die internationalen Kupfernormalien, auf die später noch ausführlich eingegangen werden wird, ist in der neuen Fassung als Normaltemperatur 20° C eingesetzt, während früher allgemein mit 15° C gerechnet wurde. Dem praktischen Bedürfnis entspricht der Wert von 20° insofern besser, als diese Zahl für europäische Verhältnisse als normale Raumtemperatur angesehen werden kann.

2. Der Wert von 17,84 Ohm entspricht dem in der bisherigen Fassung enthalten gewesenen Wert von 17,50 Ohm bei 15° und ist mit Hilfe der im zweiten Absatz enthaltenen Temperaturkorrektion errechnet.

3. Ein wichtiger Zusatz ist im zweiten Absatz des § 1 enthalten. Experimentelle Untersuchungen in dem amerikanischen Bureau of Standards, die von der physikalisch-technischen Reichsanstalt bestätigt wurden, haben zu dem bemerkenswerten Ergebnis geführt[1]), daß der Temperaturkoeffizient von Kupfer dessen Leitfähigkeit proportional ist. Der Temperaturkoeffizient wird also um so geringer, je geringer die Leitfähigkeit ist. Daher kann man die Widerstandsänderung eines Kupferdrahtes von beliebiger Leitfähigkeit für 1° Temperaturzunahme durch eine einzige Ziffer ausdrücken, die unabhängig von der Leitfähigkeit des betreffenden Kupfers ist. Als dieser Wert wurde durch zahlreiche Messungen 0,068 Ohm für einen Draht von 1 km Länge und 1 mm² Querschnitt ermittelt. Man kann somit in bequemster Weise den Widerstand eines Kupferleiters von beliebigem Querschnitt und beliebigem spezifischem Widerstand auf die Normaltemperatur von 20° zurückführen, indem man die Konstante 0,068 mit der Temperaturdifferenz multipliziert und durch den Querschnitt dividiert. Diese einfache Beziehung gilt indessen lediglich für Kupfer, im allgemeinen jedoch nicht für Kupferlegierungen. Sie ist ferner gültig für einen Temperaturbereich von $+10°$ bis $+100°$.

4. Kupferleitungen müssen aus Leitungskupfer hergestellt sein. Diese Bestimmung besagt, daß unter keinen Umständen ein Kupfer verwendet werden darf, dessen spezifischer Widerstand größer ist als 17,84 Ohm bei 20° C. Bezeichnet man den Widerstand einer beliebigen Kupferleitung für 1 km Länge mit w, den spezifischen Widerstand mit r, den Querschnitt mit q, so gilt die bekannte Beziehung $q = \dfrac{r}{w}$. Nach dieser Formel sind grundsätzlich Querschnitte zu ermitteln; hierbei ist der Widerstand w nach üblichen Methoden zu messen, und als spezifischer Widerstand die Zahl 17,84 einzusetzen. Die Zulässigkeit dieser Methode ermöglicht es, in Fällen, wo durch Anwendung eines höherwertigen Kupfers der Widerstand w geringer wird, den geometrischen Querschnitt, somit also das aufzuwendende Kupfergewicht in demselben Verhältnis zu verkleinern. Eine Schädigung des Käufers findet dadurch nicht statt, da der Wert einer elektrischen Leitung bedingt ist durch die Leitfähigkeit derselben, wogegen die Masse des dazu verwendeten Kupfers gleichgültig bleibt.

Unter dem wirksamen Querschnitt ist also der elektrische, nicht der geometrische Querschnitt zu verstehen.

---

[1]) Dellinger, The temperature Coefficient of resistance of Copper, Washington, Government printing office, 1911.

5. Für Litzen- und Mehrfachleiter soll bei der Auswertung des kilometrischen Widerstandes *w* die Länge des fertigen Kabels — also ohne Zuschlag für Drall — eingesetzt werden. Um eine genügende Biegsamkeit zu erzielen, werden in der Regel Querschnitte von 16 mm² ab nicht aus einem massiven Draht, sondern aus einer Litze mehrerer dünnerer Drähte hergestellt. Bei diesen Litzen läuft lediglich der innere Draht gradlinig, die nächste Lage — bei der üblichen Verseilungsart zumeist aus 7 Drähten bestehend — läuft in einer mehr oder minder steilen Schraubenlinie um den zentralen Leiter herum. Hierum legt sich wieder die zweite Lage aus 19 Drähten und so fort.

Die Höhe des Schraubenganges nennt man den Drall. Häufig ist der Drall in den einzelnen Lagen des Seiles verschieden. Die Länge des Dralls für jede Lage wird allgemein angegeben als ein Vielfaches des äußeren Durchmessers der betreffenden Lage. Theoretisch richtiger ist es allerdings, den Drall nicht auf den äußeren Durchmesser, sondern auf den Durchmesser desjenigen Kreises zu beziehen, der die Mittelpunkte der die betreffenden Lagen bildenden Drähte verbindet. Für diesen Durchmesser haben die Engländer die einfache Bezeichnung „pitch-diameter" geprägt, wofür es im Deutschen eine analoge Benennung nicht gibt. Durch den Drall wird die Länge der Drähte vergrößert. Bezeichnet man mit *a* das Verhältnis von Drall zu Seildurchmesser, so erhält man die wirkliche Länge des Drahtes im Seil, wenn man die grade Seillänge mit dem Ausdruck multipliziert

$$x = \frac{\sqrt{a^2 + \pi^2}}{a}$$

wo π die bekannte Zahl 3,14 bedeutet.

Die nach vorstehender Formel berechneten prozentischen Verlängerungen eines gestreckten Drahtes für einige Werte des Dralls sind aus folgender Tabelle zu entnehmen:

Drall *a*	Verlängerung in %
5	18
6	13
7	9,5
10	4,8
11	4,0
12	3,4
14	2,5
16	1,9
18	1,5
20	1,2

Im allgemeinen wählt man für Kupferseile $a = 15 - 20$, für verseilte Kabel $a = 20 - 25$.

Je kürzer der Drall ist, um so fester und biegsamer wird die Litze, um so stärker aber auch die Vergrößerung des elektrischen Widerstandes und um so höher der Materialaufwand.

Infolge der Übergangswiderstände zwischen den einzelnen Drähten der Litze fließt nämlich der Strom nicht senkrecht zur Querschnittsebene, sondern folgt den Windungen der einzelnen die Litze bildenden Drähte. Dadurch ist bei Litzen eine Querschnittserhöhung des Kabels bedingt. Das gleiche gilt für zweifach oder dreifach verseilte sowie für konzentrische Leitungen und Kabel. Bei der häufigst gebrauchten Type der dreifach verseilten Kabel zum Beispiel tritt erstens eine Querschnitterhöhung durch die litzenartige Verseilung der einzelnen Leiter auf, dazu kommt aber ferner, daß die Leiter des Kabels selbst wieder unter einem gewissen Drall miteinander verseilt sind. Durch diesen Drall wird eine weitere Widerstandserhöhung bedingt, da auf 1 km des verseilten Kabels eine größere Länge für die Einfachadern entfällt.

Nach den Bestimmungen des § 2 ist ein Zuschlag für Drall weder bei einzelnen Litzen, noch bei Mehrfachkabeln zulässig. Es ist also von vornherein entweder ein so hochwertiges Kupfer zu verwenden, oder die geometrischen Querschnitte der Leiter sind so hoch zu wählen, daß auch unter Berücksichtigung des Dralls für Litzen und Leiterverseilung aus der Widerstandsmessung sich der geforderte Querschnitt ergibt.

6. § 3 enthält die Anweisung darüber, wie die Innehaltung der in § 1 gestellten Forderung zu kontrollieren ist. Aus den bereits mehrfach erörterten Gründen soll die dort gegebene Zahl den oberen Grenzwert für den spezifischen Widerstand darstellen.

7. Die Anwendung eines geringwertigeren Kupfers als in § 1 festgesetzt ist nicht gestattet. Wenn eine Leitung aus Kupferlegierungen besteht, die an sich einen höheren spezifischen Widerstand besitzen, so muß dies ausdrücklich vermerkt sein. Eine derartige Leitung dürfte nicht als Kupferleitung bezeichnet werden. Hat man an einem Kupferseil die in § 3 vorgesehenen Feststellungen zu machen, so ist das Seil auseinander zu nehmen und an einem gerade gerichteten massiven Draht von mindestens 1 m Länge eine Widerstandsmessung zu machen. Man wird sich hierbei am zweckmäßigsten der Thompsonbrücke bekannten Anordnung bedienen, zu der in der Regel besondere Einspannvorrichtungen für die Widerstandsmessung gradgestreckter kurzer Drähte vorhanden sind. Der Querschnitt q des Drahtes im Quadratmillimeter ist durch Bestimmung des Gewichts g in Gramm eines Stückes von bestimmter Länge l in Zentimeter unter Einsetzung des Wertes 8,89 für das spezifische Gewicht nach der Formel $q = \dfrac{g}{8{,}89\, l}$ zu ermitteln.

8. Den eigentlichen Kupfernormalien sind anhangsweise die wichtigsten Angaben aus den internationalen Kupfernormalien beigefügt. Nachstehend sind zur Orientierung die internationalen Kupfernormalien in der vollständigen, ihnen von der internationalen elektrotechnischen Kommission gegebenen Fassung in deutscher Übersetzung wiedergegeben.

Internationale Normalwerte für Kupfer.

I. Mustergültiges geglühtes Kupfer.

Die folgenden Angaben gelten als Normalwerte für mustergültiges geglühtes Kupfer:

1. Bei der Temperatur von 20° C beträgt der Widerstand eines Drahtes aus mustergültigem geglühten Kupfer von 1 m Länge und einem gleichmäßigen Querschnitt von 1 mm² $\frac{1}{58}$ Ohm = 0,01724 .. Ohm.

2. Bei der Temperatur von 20° C beträgt die Dichte des mustergültigen geglühten Kupfers 8,89 g für das Kubikzentimeter.

3. Bei der Temperatur von 20° C beträgt der Temperaturkoeffizient für den Widerstand, der zwischen zwei fest an dem Draht angebrachten, zur Spannungsmessung bestimmten Ableitungen ermittelt wird, 0,00393, oder $\frac{1}{254,5}$ für einen Grad Celsius.

4. Es folgt daher aus 1. und 2., daß bei der Temperatur von 20° C der Widerstand eines Drahtes aus mustergültigem geglühten Kupfer von gleichmäßigem Querschnitt, von einem Meter Länge und einer Masse von einem Gramm $\frac{1}{58} \cdot 8{,}89$ oder 0,15328 Ohm beträgt.

II. Handelskupfer.

1. Die Leitfähigkeit von Handelskupfer soll für 20° C in Prozenten des Normalwertes für mustergültiges geglühtes Kupfer angegeben werden (auf 0,1 % genau).

2. Die Leitfähigkeit von Handelskupfer soll nach folgenden Annahmen berechnet werden:

   a) Die Temperatur, bei der die Messung vollzogen wird, soll von 20° C um nicht mehr als ± 10° C abweichen.

   b) Der Widerstand eines Drahtes aus Handelskupfer von 1 m Länge und 1 mm² Querschnitt nimmt pro 1° C um 0,000068 Ohm zu.

   c) Der Widerstand eines Drahtes aus Handelskupfer von 1 m Länge und 1 g Masse nimmt pro 1° C um 0,00060 Ohm zu.

   d) Die Dichte von Handelskupfer bei 20° C ist 8,89 g für 1 cm³.

Aus diesen Annahmen folgt: Wenn bei $t°$ C Temperatur ein Draht von l Meter Länge und m Gramm Masse einen Widerstand von R Ohm besitzt, so hat ein Draht von 1 m Länge und 1 mm² Querschnitt einen Widerstand von

$$\frac{Rm}{l^2 \cdot 8{,}89}$$

bei $t°$ C; und von

$$\frac{Rm}{l^2 \cdot 8{,}89} + 0{,}000068\,(20-t)$$

bei 20° C.

Seine Leitfähigkeit, in Prozenten des Normalwertes ausgedrückt, ist also:

$$100 \times \frac{{}^1/_{58}}{\frac{Rm}{l^2 \cdot 8{,}89} + 0{,}000068\,(20-t)}.$$

In gleicher Weise ergibt sich der Widerstand desselben Kupfers von 1 m Länge und 1 g Masse zu:

$$\frac{Rm}{l^2}$$

bei $t°$ C; und

$$\frac{Rm}{l^2} + 0{,}00060\,(20-t)$$

bei 20° C.

Die Leitfähigkeit, in Prozenten des Normalwertes ausgedrückt, ist also:

$$100 \times \frac{0{,}15328}{\frac{Rm}{l^2} + 0{,}00060\,(20-t)}.$$

Anmerkungen.

I. Die unter I angegebenen Normalwerte sind Mittelwerte aus einer großen Zahl von Messungen.

Bei verschiedenen Sorten Kupfer von der vorgeschriebenen Leitfähigkeit beträgt die größte vorkommende Abweichung von dem angegebenen Normalwert für die Dichte etwa 0,5 %, für den Temperaturkoeffizienten etwa 1 %. Innerhalb der unter II angegebenen Grenzen beeinflussen diese Abweichungen den Wert für den Widerstand nicht, wenn er nicht auf mehr als vier Stellen genau berechnet wird.

II. Die vorstehenden Angaben beruhen auf den folgenden physikalischen Konstanten für mustergültiges geglühtes Kupfer:

Dichte bei 0° C 8,90
Koeffizient der linearen Ausdehnung für
  1° C 0,000017
Spezifischer Widerstand bei 0° C in
  Mikrohm-Zentimeter . . . . 1,588$_1$

Temperaturkoeffizient des spezifischen Widerstandes (bezogen auf gleiches Volumen) bei 0° C für 1° C . . . . . . $0{,}00428_2$

Temperaturkoeffizient des Widerstandes bei 0° C und gleichbleibender Masse $0{,}00426_5 = \dfrac{1}{234{,}45}$

9. Die internationalen Kupfernormalien schließen sich im Prinzip wieder an die ältere Fassung der deutschen Normalien an, insofern, als sie ein dem früheren Normalkupfer entsprechendes, sogenanntes mustergültiges Kupfer zugrunde legen. Die Leitfähigkeit des technisch verwendeten Kupfers, des sogenannten Handelskupfers, soll dann in Prozenten der Leitfähigkeit des Normalkupfers angegeben werden. Eigentümlicherweise hat man in den internationalen Normalien auf die Angabe einer unteren noch zulässigen Grenze für das Handelskupfer verzichtet, sondern es den Bestimmungen der einzelnen Länder überlassen, nach ihren Wünschen diese untere Grenze festzusetzen. Der erste Teil der internationalen Normalien definiert die Eigenschaften des sogenannten mustergültigen geglühten Kupfers, und zwar spezifischen Widerstand, Dichte und Temperaturkoeffizient. Der zweite Teil gibt an, in welcher Form die Eigenschaften des Handelskupfers auf dieses Normalkupfer bezogen werden sollen. Die beigegebenen Formeln sind für praktische Umrechnungen nützlich.

II. Normalien für isolierte Leitungen in Starkstromanlagen.

A. Einleitung.

Die Entstehung der Normalien für isolierte Leitungen fällt in das Jahr 1900. Auf der damaligen Jahresversammlung des Verbandes Deutscher Elektrotechniker zu Kiel stellte Herr Dr. Passavant folgenden Antrag:

„Die Generalversammlung wolle beschließen, eine besondere Kommission mit der Feststellung allgemeiner Grundsätze zu betrauen, nach denen Leitungsdrähte und Kabel zu prüfen und bezüglich ihrer Verwendbarkeit bei der Installation elektrischer Anlagen zu beurteilen sind. Der Vorstand wird ermächtigt, eine vorläufige Kommission, bestehend aus Berliner Mitgliedern, zu ernennen, welche die vorbereitenden Arbeiten übernimmt."

Zur Begründung dieses Antrages brachte der Antragsteller unter anderem vor, daß Drähte und Kabel, die bei Installationen Verwendung fänden, nicht immer den Grad von Güte besitzen, der den Sicherheitsvorschriften entspräche. Die von der Sicherheits-Kommission des Verbandes Deutscher Elektrotechniker getroffenen Bestimmungen hätten sich nicht in allen Fällen ganz durchführen lassen, so daß es dringend notwendig wäre, daß diese Frage von fachmännischer Seite beraten würde.

Inzwischen hatte die Vereinigung der Elektrizitätswerke sich gleichfalls im Jahre 1900 mit der Aufstellung von Normalien für einfache Gleichstromkabel beschäftigt.

Aus Anlaß eines Vortrages, den Herr Wilkens über die Belastungsfähigkeit für unterirdische Bleikabel in der Generalversammlung der Vereinigung der Elektrizitätswerke am 15. Mai 1900 gehalten hatte, wurde beschlossen, eine Kommission zu wählen, mit der Aufgabe, Verhandlungen mit den deutschen Kabelfabriken zu führen, um eine einheitliche Konstruktion der in Betracht kommenden Gleichstromkabel zu erzielen. Denn, da die Elektrizitätswerke ein hervorragendes Interesse daran hatten, die Belastungsfähigkeit ihrer Kabelnetze festzustellen, erschien die Normalisierung der Kabelkonstruktion als notwendige Voraussetzung zur Ermittlung einer allgemein gültigen Belastungstabelle. Die mit den deutschen Kabelfabriken gepflogenen Verhandlungen führten sehr bald zu dem Ergebnis, daß in einer außerordentlichen Generalversammlung der Vereinigung der Elektrizitätswerke zu Würzburg am 18. September 1900 die vorgeschlagenen Normalien für Gleichstromkabel bis 700 Volt angenommen wurden. Gleichzeitig wurde beschlossen, mit den nach diesen Normalien hergestellten Kabeln Belastungsversuche vorzunehmen, um eine Belastungstabelle aufzustellen.

Am 12. Januar 1901 traten die Berliner Mitglieder der nach dem Antrag Passavant vom V. D. E. neu gewählten Draht- und Kabel-Kommission zur ersten Sitzung zusammen. Derselben lagen zunächst die von der Vereinigung der Elektrizitätswerke und den Kabelfabriken aufgestellten Normalien für einfache Gleichstromkabel bis 700 Volt vor. Die weiteren Verhandlungen bezogen sich in der Hauptsache auf die von der Sicherheitskommission in Aussicht genommene Schaffung von Normalien für bewegliche Leitungsschnüre. Im Vordergrund der Diskussion stand die Frage, ob Gummiband- oder Gummiaderschnüre vorteilhafter seien und welche Kriterien für die Normalisierung des Materials und der Dimensionen bei beiden Drahtsorten aufgestellt werden sollen.

Inzwischen fand am 11. März 1901 auf Anregung des Herrn Adolf Hohnholz, Rheydt, in Köln eine Versammlung von Fabrikanten isolierter Drähte statt, die gleichfalls über die Frage der Normalisierung der Gummiband- und Gummiaderschnüre verhandelten. Bei diesen Beratungen herrschte die Ansicht vor, daß es wünschenswert sei, genaue Konstruktionsnormalien zu schaffen, durch welche Beschaffenheit, Dimensionen und Gewicht des Isoliermaterials festgelegt werden. Die Fabrikanten setzten sich mit der Vereinigung der Elektrizitätswerke in Verbindung und die zuständige Kommission der Vereinigung stimmte in einer Sitzung in München am 18. und 19. Mai 1901 im wesentlichen den Vorschlägen der Fabrikanten zu.

Die erste Plenarsitzung der Draht- und Kabel-Kommission fand am 1. Juni 1901 zu Köln statt. Das Ergebnis dieser Beratungen bildete den endgültigen ersten Entwurf der Normalien für Gummiband- und Gummiaderschnüre, sowie für einfache Gleichstromkabel bis 700 Volt. Am 26. Juni fand dann in Dresden unmittelbar vor der Jahresversammlung eine nochmalige Sitzung der Draht- und Kabel-Kommission statt, in der die Normalien mit geringfügigen Abänderungen nach den von den vorbereitenden Komitees getroffenen Grundsätzen endgültig der Jahresversammlung zur Annahme vorgelegt wurden. Als Gültigkeitstermin wurde der 1. Januar 1903 festgesetzt. Die Draht- und Kabel-Kommission hat dann in den folgenden Jahren in eifriger

Arbeit den Ausbau und die weitere Entwicklung der Normalien fortgeführt. Ihre Tätigkeit gestaltet sich ganz besonders fruchtbar, weil in ihr Verbraucher und Fabrikanten sowie außerhalb dieser beiden Gruppen stehende Fachleute vereinigt sind.[1])

B. Wortlaut.

Normalien für isolierte Leitungen in Starkstromanlagen.

Angenommen auf der Jahresversammlung 1914. Veröffentlicht „ETZ" 1914, S. 367 und 604. Gültig ab 1. Juli 1915.[2])

1. Inhalt:

A. Gummiisolierte Leitungen.

I. Allgemeines.

1. Beschaffenheit der Kupferleiter.
2. Zusammensetzung der Gummihülle.
3. Verwendungsbereich.

II. Bauart und Prüfung der Leitungen.

1. Leitungen für feste Verlegung.
    - a) Gummiaderleitungen . . . . . (GA)
    - b) Spezial-Gummiaderleitungen . (SGA)
    - c) Rohrdrähte . . . . (RA)
    - d) Panzeradern . . . . (PA)

---

[1]) Zurzeit besteht die Draht- und Kabel-Kommission aus folgenden Mitgliedern: Germershausen (Vorsitzender), Apt, Breisig, Cassirer, Craemer, Fessel, Humann, Passavant, Schrottke, Singer, Teichmüller, Tellmann, Vogel, Wilkens, Zapf.

[2]) Vorher hat eine Anzahl anderer Fassungen bestanden. Über die Entwicklung gibt nachstehende Tabelle Aufschluß.

Fassung	Beschlossen	Gültig ab	Veröffentl. ETZ.
Erste Fassung	28. 6. 01	1. 1. 03	01 S. 800
Zusatz zur ersten Fassung	13. 6. 02	1. 1. 03	02 S. 762
Zweite Fassung	8. 6. 03	1. 7. 03	03 S. 887
Zusatz zur zweiten Fassung	24. 6. 04	1. 7. 04	04 S. 687
Dritte Fassung	25. 5. 06	1. 1. 07	06 S. 664
Vierte Fassung	7. 6. 07	1. 1. 08	07 S. 823
Zusatz zur vierten Fassung	3. 6. 09	1. 7. 09 bzw. 1. 1. 10	09 S. 787
Zweiter Zusatz und Änderung der vierten Fassung	26. 5. 10	1. 7. 10 bzw. 1. 1. 12	10 S. 279, 382, 519 und 740.
Fünfte Fassung	6. 6. 12	1. 7. 12	12 S. 545
Änderung d. fünften Fassung	19. 6. 13	1. 7. 13	13 S. 1041
Sechste Fassung	26. 5. 14	1. 7. 15	14 S. 367 u. 604.

2. **Leitungen für Beleuchtungskörper.**
  a) Fassungsadern . . . . (FA)
  b) Pendelschnüre . . . . (PL)
3. **Leitungen zum Anschluß ortsveränderlicher Stromverbraucher.**
  a) Gummiaderschnüre . . . . . (SA)
  b) Werkstattschnüre . . . . . . (WK)
  c) Spezialschnüre . . . . (SGK,SK)
  d) Hochspannungsschnüre . . . . (HK)
  e) Leitungstrossen . . . . (LT)

B. Bleikabel.

I. Gummibleikabel.

II. Papier- oder Faserstoffbleikabel.

1. Einleiter-Gleichstrom-Bleikabel.
2. Konzentrische und verseilte Mehrleiter-Bleikabel.

C. Belastungstabellen für isolierte Leitungen.

I. Kupferleitungen.

1. Belastungstabelle für gummiisolierte Leitungen.
2. Belastungstabelle für Bleikabel.

II. Aluminiumleitungen.

1. Belastungstabelle für Einleiterkabel mit Aluminiumleiter.

A. Gummiisolierte Leitungen.

I. Allgemeines.

1. Beschaffenheit der Kupferleiter.

Die für isolierte Leitungen verwendeten Kupferdrähte müssen den Kupfernormalien des Verbandes Deutscher Elektrotechniker entsprechen und feuerverzinnt sein.

2. Zusammensetzung der Gummihülle.[1]

Die Gummihülle des fertigen Fabrikates muß folgender Zusammensetzung entsprechen:

---

[1] Zwischen der Vereinigung der Elektrizitätswerke, Dresden-A. 14, Strehlener Straße 72, und den Firmen, welche Leitungsmaterial fabrizieren, besteht eine Vereinbarung dahingehend, daß bei allen Fabrikaten durch Kennfäden

Mindestens 33,3 % Kautschuk, der nicht mehr als 6 % Harz enthalten darf,

höchstens 66,7 % Zusatzstoffe einschließlich Schwefel.

Von organischen Füllstoffen ist nur der Zusatz von Zeresin (Paraffinkohlenwasserstoffen) bis zu einer Höchstmenge von 3 % gestattet. Das spezifische Gewicht des Adergummis soll mindestens 1,5 betragen.

Rote Färbung des Gummis ist mit Rücksicht auf die „Normalien für isolierte Leitungen in Fernmeldeanlagen" nicht zulässig.

5. 3. Verwendungsbereich.

Der Verwendungsbereich ist für jede Leitungsart besonders festgelegt.

Ist hierfür eine Spannung angegeben, so bedeutet diese den höchsten Wert, den die Spannung zwischen zwei Leitern oder einem Leiter und Erde annehmen darf.

II. Bauart und Prüfung der Leitungen.

1. Leitungen für feste Verlegung.

7. a) Gummiaderleitungen,

für Spannungen bis 750 V.

Bezeichnung: GA.

Die Gummiaderleitungen sind mit massiven Leitern in Querschnitten von 1 bis 16 mm², mit mehrdrähtigen Leitern in Querschnitten von 1 bis 1000 mm² zulässig.

Für die Bauart der Leitungen gilt folgende Tabelle:

---

ersichtlich gemacht werden muß, von wem das Material stammt und ob es den Vorschriften des Verbandes entspricht. Die Mustersammlung der Kennfäden kann von der Vereinigung der Elektrizitätswerke zum Preise von 3 Mark bezogen werden.

Diejenigen Leitungsmaterialien, welche obenstehenden Bestimmungen über Gummimischung entsprechen, müssen einen weißen Kennfaden besitzen.

Isolierte Starkstromleitungen. 23

Kupferquerschnitt in mm²	Mindestzahl der Drähte bei mehrdrähtigen Leitern	Stärke der Gummischicht mindestens mm
1,0	7	0,8
1,5	7	0,8
2,5	7	1,0
4,0	7	1,0
6,0	7	1,0
10,0	7	1,2
16,0	7	1,2
25,0	7	1,4
35,0	19	1,4
50,0	19	1,6
70,0	19	1,6
95,0	19	1,8
120,0	37	1,8
150,0	37	2,0
185,0	37	2,2
240,0	61	2,4
310,0	61	2,6
400,0	61	2,8
500,0	91	3,2
625,0	91	3,2
800,0	127	3,5
1000,0	127	3,5

8. Die Gummihülle ist mit gummiertem Band bedeckt. Hierüber befindet sich eine Umklöpplung aus Baumwolle, Hanf oder gleichwertigem Material, welche in geeigneter Weise imprägniert ist. Bei Mehrfachleitungen kann die Umklöpplung gemeinsam sein.

9. Die Leitungen müssen nach 24-stündigem Liegen unter Wasser von nicht mehr als 25° C während einer halben Stunde einer Prüfspannung von 2000 V Wechselstrom oder 2800 V Gleichstrom widerstehen können. Für die Gleichstromprüfung muß eine Stromquelle von mindestens 2 kW benutzt werden.

b) Spezial-Gummiaderleitungen,
für alle Spannungen.

Bezeichnung: SGA.

10. der die effektive Gebrauchsspannung beizufügen ist, z. B. $\dfrac{SGA}{3000}$ 10.

Die Spezial-Gummiaderleitungen sind mit massiven Leitern in Querschnitten von 1 bis 16 mm², mit mehrdrähtigen Leitern in Querschnitten von 1 bis 1000 mm² zulässig.

Die Gummihülle muß bei diesen Leitungen aus mehreren Lagen Gummi hergestellt sein, deren Gesamtdicke mindestens den Werten der folgenden Tabelle entsprechen muß.

Kupferquerschnitt in mm²	Stärke der Gummischicht mindestens mm	Kupferquerschnitt in mm²	Stärke der Gummischicht mindestens mm
1,0	1,5	95,0	2,6
1,5	1,5	120,0	2,6
2,5	1,5	150,0	2,8
4,0	1,5	185,0	3,0
6,0	1,5	240,0	3,2
10,0	1,7	310,0	3,4
16,0	1,7	400,0	3,6
25,0	2,0	500,0	4,0
35,0	2,0	625,0	4,0
50,0	2,3	800,0	4,5
70,0	2,3	1000,0	4,5

Die Mindestzahl der Drähte bei mehrdrähtigen Leitern ist dieselbe wie die in der Tabelle für GA-Leitungen angegebene.

Die Gummihülle ist mit gummiertem Band bedeckt. Hierüber befindet sich eine Umklöpplung aus Baumwolle, Hanf oder gleichwertigem Material, welche in geeigneter Weise imprägniert ist. Bei Mehrfachleitungen kann die Umklöpplung gemeinsam sein.

Die Leitungen müssen nach 24-stündigem Liegen unter Wasser von nicht mehr als 25°C während einer halben Stunde einer Wechselstromprüfung gemäß nachstehender Tabelle widerstehen können.

Betriebsspannung	Prüfspannung
1 000 Volt	2 000 Volt
2 000 „	4 000 „
3 000 „	6 000 „
4 000 „	8 000 „
5 000 „	9 000 „
6 000 „	10 000 „
7 000 „	12 000 „
8 000 „	13 000 „
10 000 „	15 000 „
12 000 „	18 000 „
15 000 „	23 000 „
20 000 „	30 000 „

c) Rohrdrähte,

für Niederspannungsanlagen, zur erkennbaren Verlegung, die es ermöglicht, den Leitungsverlauf ohne Aufreißen der Wände zu verfolgen.

Bezeichnung: RA. **11.**

Rohrdrähte sind Gummiaderleitungen mit gefalztem, eng anliegendem Metallmantel (nicht Bleimantel), die an Stelle der imprägnierten Umklöpplung eine mechanisch gleichwertige, isolierende Hülle von mindestens 0,4 mm Wandstärke haben.

Rohrdrähte sind als Einfachleitungen in Querschnitten von 1 bis 16 mm², als Mehrfachleitungen in Querschnitten von 1 bis 6 mm² zulässig. Die Wandstärke des Mantels soll mindestens 0,25 mm betragen. Für den äußeren Durchmesser der Rohrdrähte gilt folgende Tabelle:

Anzahl der Adern und Querschnitt in mm²	Außendurchmesser (über Falz gemessen in mm)	
	nicht unter	nicht über
1	5,3	6
1,5	5,4	6,2
2,5	6,4	7,2
4	6,8	7,6
6	7,2	8,0
10	8,2	9,2
16	9,2	10,2
2 × 1	8,3	9,3
2 × 1,5	8,7	9,7
2 × 2,5	10,0	11,0
2 × 4	10,5	11,5
2 × 6	11,5	12,5
3 × 1	8,7	9,7
3 × 1,5	9,2	10,2
3 × 2,5	10,5	11,5
3 × 4	11,5	12,5
3 × 6	12,5	13,5
4 × 1	9,5	10,5
4 × 1,5	10,0	11,0
4 × 2,5	11,5	12,5

Die Rohrdrähte müssen einer halbstündigen Einwirkung eines Wechselstroms von 2000 V Spannung zwischen den Leitern und zwischen Leitung und Metallmantel in trockenem Zustand widerstehen können.

d) Panzeradern,

für Spannungen bis 1000 Volt.

12. Bezeichnung: PA.

Panzeradern sind Spezialgummiaderleitungen mit einer Hülle von Metalldrähten (Geflecht, Umwicklung), die gegen Rosten geschützt sind. Bei Mehrfachleitungen darf die Metallhülle gemeinsam sein.

Die imprägnierte Umklöpplung der SGA-Leitung darf durch eine andere gleichwertige Schutzhülle, die als Zwischenlage gegen das Durchstechen abgerissener Drähte Schutz bietet, ersetzt sein.

Die Prüfung der fertigen PA hat mit 4000 V Wechselstrom zwischen Leiter und Schutzpanzer bei trockenem Zustand zu erfolgen.

2. Leitungen für Beleuchtungskörper.

13. a) Fassungsadern,

zur Installation nur in und an Beleuchtungskörpern[1]) in Niederspannungsanlagen.

Bezeichnung: FA.

Die Fassungsader besteht aus einem massiven oder mehrdrähtigen Leiter von 0,5 mm^2 oder 0,75 mm^2 Kupferquerschnitt. Bei mehrdrähtigen Leitern darf der Durchmesser der einzelnen Drähte nicht mehr als 0,13 mm betragen.

Die Kupferseele ist mit einer vulkanisierten Gummihülle von 0,6 mm Wandstärke umgeben. Über dem Gummi befindet sich eine Umklöpplung aus Baumwolle, Hanf, Seide oder ähnlichem Material, welches auch in geeigneter Weise imprägniert sein kann. Diese Adern können auch mehrfach verseilt werden.

Eine Fassungs-Doppelader (Bezeichnung FA 2) kann auch aus zwei nebeneinander liegenden nackten Fassungsadern, die gemeinsam wie oben angegeben umklöppelt sind, bestehen.

Die Fassungsadern müssen in trockenem Zustande einer halbstündigen Durchschlagsprobe mit 1000 V Wechselstrom widerstehen können. Bei Prüfung einfacher Fassungsadern sind zwei 5 m lange Stücke zusammenzudrehen.

---

[1]) Als Zuleitungen nicht zulässig. Siehe § 18 der Errichtungsvorschriften.

Isolierte Starkstromleitungen. 27

b) Pendelschnüre,

zur Installation von Schnurzugpendeln in Niederspannungsanlagen.

Bezeichnung: PL. **14.**

Die Pendelschnur hat einen Kupferquerschnitt von 0,75 mm².

Die Kupferseele besteht aus Drähten von höchstens 0,2 mm Durchmesser, welche zweckentsprechend verseilt sind. Die Kupferseele ist mit Baumwolle umsponnen und darüber mit einer vulkanisierten Gummihülle von 0,6 mm Wandstärke umgeben. Zwei Adern sind mit einer Tragschnur oder einem Tragseilchen aus geeignetem Material zu verseilen und erhalten eine gemeinsame Umklöpplung aus Baumwolle, Hanf, Seide oder ähnlichem Material. Die Tragschnur oder das Tragseilchen können auch doppelt zu beiden Seiten der Adern angeordnet werden. Wenn das Tragseilchen aus Metall hergestellt ist, muß es umsponnen oder umklöppelt sein. Die gemeinsame Umklöpplung der Schnur kann wegfallen, doch müssen die Gummiadern dann einzeln umflochten werden.

Die Pendelschnüre müssen so biegsam sein, daß einfache Schnüre um Rollen von 25 mm Durchmesser und doppelte um Rollen von 35 mm Durchmesser ohne Nachteil geführt werden können.

Die Pendelschnüre müssen in trockenem Zustande einer halbstündigen Durchschlagsprobe mit 1000 V Wechselstrom widerstehen können.

3. Leitungen zum Anschluß ortsveränderlicher Stromverbraucher. **15.**

a) Gummiaderschnüre (Zimmerschnüre)

für geringe mechanische Beanspruchung in trockenen Wohnräumen in Niederspannungsanlagen.

Bezeichnung: SA. **16.**

Die Gummiaderschnüre sind in Querschnitten von 1 und 1,5 mm² zulässig. Die Kupferseele besteht aus Drähten von höchstens 0,25 mm Durchmesser, welche zweckentsprechend verseilt sind. Sie ist mit Baumwolle umsponnen; darüber befindet sich die wasserdichte vulkanisierte Gummihülle.

Jede Ader muß über der Gummihülle einen Schutz aus Fasermaterial (Garn, Seide, Baumwolle oder ähnlichem) erhalten. Bei Einleiterschnüren oder verseilten Mehrfachschnüren muß dieser Schutz in einer Umklöpplung bestehen.

Runde oder ovale Mehrfachschnüre müssen außerdem eine gemeinsame Umklöpplung erhalten.

17. Für die Spannungsprüfung gelten die Bestimmungen über Gummiaderleitungen.

18. b) Werkstattschnüre,

für mittlere mechanische Beanspruchung in Werkstätten und Wirtschaftsräumen in Niederspannungsanlagen.

Bezeichnung: WK.

Die Werkstattschnüre sind in Querschnitten von 1 bis 16 mm² zulässig.

Die Bauart des Kupferleiters ist die gleiche wie bei den Gummiaderschnüren, jedoch ist bei Querschnitten über 6 mm² ein Drahtdurchmesser von 0,4 mm zulässig.

Die Gummihülle jeder einzelnen Ader ist mit gummiertem Band zu umwickeln; zwei oder mehr solcher Adern sind rund zu verseilen und mit einer dichten Umklöpplung aus Fasermaterial zu versehen. Darüber ist eine zweite Umklöpplung aus besonders widerstandsfähigem Material (Hanfkordel oder dergl.) anzubringen.

19. Erdungsleiter müssen aus verzinnten Kupferdrähten von höchstens 0,25 mm Durchmesser verseilt sein. Sie sind innerhalb der inneren Umklöpplung anzuordnen.

Für die Abmessungen gilt folgende Tabelle:

Kupferquerschnitt in mm²	Stärke der Gummischicht mindestens mm	Querschnitt des Erdungsleiters in mm²
1,0	0,8	1,0
1,5	0,8	1,0
2,5	1,0	1,0
4,0	1,0	2,5
6,0	1,0	2,5
10,0	1,2	4,0
16,0	1,2	4,0

Für die Spannungsprüfung gelten die Bestimmungen über die Gummiaderleitungen.

c) Spezialschnüre,

für rauhe Betriebe in Gewerbe, Industrie und Landwirtschaft in Niederspannungsanlagen.

Bezeichnung: SGK und SK. **20.**

Die Spezialschnüre sind in Querschnitten von 1 bis 16 mm^2 zulässig. Die Bauart des Kupferleiters ist die gleiche wie bei den Gummiaderschnüren.

Für die Wandstärke der Gummihülle gilt die entsprechende Tabelle über die Werkstattschnüre.

SGK: Die Gummihülle der einzelnen Adern ist mit gummiertem Band zu umwickeln; zwei oder mehr solcher Adern sind zu verseilen und mit Gummi so zu umpressen, daß alle Hohlräume ausgefüllt sind und die Gummiumpressung an der schwächsten Stelle mindestens dieselbe Wandstärke hat, wie die Gummihülle der einzelnen Adern. Die Zusammensetzung des Gummis dieser Umpressung muß den unter A, I, 1 gegebenen Bestimmungen entsprechen. SK: Die gemeinsame Gummipressung kann fortfallen, wenn die Gummihülle der einzelnen Adern mindestens die für Spezialgummiaderleitungen vorgeschriebene Bauart und Dicke besitzt.

Über der gemeinsamen Gummiumpressung der SGK-Ausführung bzw. über den rund verseilten Spezialgummiadern der SK-Ausführung ist ein gummiertes Band und darüber eine Umklöpplung aus Fasermaterial anzubringen, hierüber eine zweite Umklöpplung aus besonders widerstandsfähigem Material (Hanfkordel oder dergl.). Die zweite Umklöpplung kann auch durch eine gut biegsame Metallbewehrung (nicht Drahtbeklöpplung) ersetzt sein.

Für Bauart und Abmessungen der Erdungsleiter gelten die entsprechenden Bestimmungen über Werkstattschnüre. Die Erdungsleiter können auch in Form eines die Leitung umgebenden Geflechtes oder einer Umwicklung unmittelbar unter der inneren Umklöpplung angebracht werden, jedoch muß hierbei die Biegsamkeit der Leitung gewahrt bleiben. Der Gesamtquerschnitt muß auch in diesem Falle mindestens die angegebenen Werte besitzen.

Für die Spannungsprüfung gelten die Bestimmungen über Gummiaderleitungen.

21. d) **Hochspannungsschnüre,**
für Spannungen bis 1000 V.
Bezeichnung: HK.

Die Hochspannungsschnüre sind in Querschnitten von 1 bis 16 mm² zulässig. Die Bauart der Kupferleiter ist die gleiche wie bei den Gummiaderschnüren.

Die Gummihülle der einzelnen Adern entspricht in Bauart und Dicke mindestens der Gummihülle der Spezialgummiaderleitungen.

Die Gummihülle der einzelnen Adern ist mit gummiertem Band zu umwickeln. Zwei oder mehr solcher Adern sind zu verseilen und mit Gummi so zu umpressen, daß alle Hohlräume ausgefüllt sind und die Gummipressung an der schwächsten Stelle mindestens dieselbe Wandstärke hat, wie die Gummihülle der einzelnen Adern. Die Zusammensetzung des Gummis dieser Umpressung muß den unter A. I. 1 gegebenen Bestimmungen entsprechen.

Für die Teile über der gemeinsamen Gummiumpressung gelten die entsprechenden Bestimmungen über Spezialschnüre.

Die Hochspannungsschnüre müssen nach 24-stündigem Liegen unter Wasser von nicht mehr als 25° C während einer halben Stunde einer Prüfspannung von 4000 V Wechselstrom widerstehen können.

22. e) **Leitungstrossen,**
geeignet zur Führung über Leitrollen und Trommeln.
Bezeichnung: LT.

(Kranleitungen, Abteufleitungen, Schießleitungen u. dergl., ausgenommen Pflugleitungen.)

Leitungstrossen sind bewegliche Leitungen für solche Anwendungsgebiete, wo ein häufiges Auf- und Abwickeln der Leitungen betriebsmäßig stattfindet. Sie sind nur mit mehrdrähtigen Kupferleitern in den normalen Querschnitten von 2,5 mm²
23. bis 150 mm² zulässig. Die Einzeldrähte dürfen bis zum Querschnitt von 50 mm² nicht über 0,8 mm Durchmesser, bei größeren Querschnitten nicht über 1,2 mm Durchmesser haben. Verbindungen müssen in der Weise hergestellt sein, daß die Drähte einzeln verlötet und die Lötstellen versetzt werden. Bei Querschnitten über 10 mm² muß der Leiter mehrlitzig sein. Der Drall darf bei einzelnen Litzen nicht mehr als das 12- bis 15-fache des Litzendurchmessers betragen, bei

mehrlitzigen Leitern nicht mehr als das 11-fache des Gesamtdurchmessers.

Die Isolierung der Adern soll in Leitungstrossen für Spannungen bis 250 V mit der der GA-Leitungen, in solchen für mehr als 250 V mit der der SGA-Leitungen übereinstimmen.

Leitungstrossen dürfen keinen Bleimantel haben[1]); sie sind mit einer bei Mehrfachleitungen gemeinsamen Umhüllung oder Bewehrung zu versehen, die hinreichend biegsam und so widerstandsfähig ist, daß sie bei der vorgesehenen Beanspruchung keine mechanische Verletzung erleidet.. Für Spannungen über 250 V ist nur zur Erdung geeignete Metallbewehrung zulässig. Eine Umklöpplung mit Drähten von weniger als 0,5 mm Durchmesser gilt nicht als ausreichende Metallbewehrung. Bei Leitungstrossen, die sich selbst tragen müssen, sind entweder Drahtseile einzulegen, oder die Bewehrung kann als Träger verwendet werden. Die stromführenden Leiter selbst sind nicht als tragende Teile in Rechnung zu setzen[2]). Die Festigkeit der tragenden Teile ist hierbei so zu bemessen, daß das Gesamtgewicht der freihängenden Leitung und der daran hängenden Teile mit fünffacher Sicherheit getragen werden kann; die tragenden Teile sind so zu gestalten oder anzuordnen, daß die freihängende Trosse sich nicht durch Aufdrehen verändern kann. Zwischen Leitungsadern und Bewehrung muß außer der Beklöpplung ein Schutzpolster aus feuchtigkeitsbeständigem Material angebracht werden, dessen Stärke einschließlich der Beklöpplung der Isolationsdicke gleichkommt. Mit einer gleichstarken Hülle aus entsprechendem Material sind Tragseile zu umgeben. Tragseile müssen aus Einzeldrähten von höchstens 0,8 mm Durchmesser verseilt sein.

Erdungsleiter in beweglichen Leitungstrossen sollen aus Kupfer bestehen und einen Querschnitt von mindestens 4 mm^2 haben[3]).

Bei Spannungen von mehr als 250 V sind Prüf- und Hilfsdrähte unzulässig.

---

[1]) Für Abteufkabel, die über Leitrollen und Trommeln geführt und selten bewegt werden, sind bis auf weiteres Bleimäntel zulässig.

[2]) Bei Schießleitungen ist es zulässig, den Leiter als Tragorgan auszubilden.

[3]) Siehe auch die „Leitsätze für Schutzerdungen". „ETZ" 1913, S. 691 und 1914, S. 400 und S. 604.

Isolierte Starkstromleitungen.

Für die Prüfung der Leitungstrossen gelten die Vorschriften für die Prüfung von GA- und SGA-Leitungen, wobei als Betriebsspannung stets die Spannung zwischen zwei Adern anzusehen ist.

Leitungstrossen in Betriebsstätten und Lagerräumen mit ätzenden Dünsten müssen gegen chemische Beschädigungen tunlichst geschützt sein.

24. **B. Bleikabel.**

I. Gummibleikabel.

Für Gummibleikabel sind je nach Spannung normale GA-Leitungen oder SGA-Leitungen zu

Tabelle I. Konstruktionstabelle für Ein-Prüfdraht

Kupferseele			Prüfdraht: Querschnitt der Kupferseele	Isolierhülle		Bleimantel	
Effektiver Kupfer-querschnitt mm^2	Zahl der Drähte			Material	Minimaldicke	einfacher	doppelter
	Kabel ohne Prüfdraht	mit Minimalzahl	mm^2			Gesamtdicke	
1	2		3	4		5	
1	1	—	—	Gut imprägnierte Papier- oder andere Faserstoffisolierung	1,75	1,2	—
1,5	1	—	—		1,75	1,2	—
2,5	1	—	—		1,75	1,2	—
4	1	—	—		1,75	1,4	—
6	1	—	—		1,75	1,4	—
10	1	—	—		1,75	1,4	—
16	7	3	1		2,0	1,5	2 × 0,9
25	7	6			2,0	1,5	2 × 0,9
35	7	6			2,0	1,6	2 × 0,9
50	19	6			2,0	1,6	2 × 1,0
70	19	13			2,0	1,7	2 × 1,0
95	19	13			2,0	1,7	2 × 1,0
120	19	13			2,0	1,8	2 × 1,1
150	19	18			2,25	1,9	2 × 1,1
185	37	26			2,25	2,0	2 × 1,1
240	37	29			2,50	2,1	2 × 1,2
310	37	36			2,50	2,2	2 × 1,2
400	37	36			2,50	2,3	2 × 1,2
500	37	36			2,75	2,4	2 × 1,3
625	37	36			2,75	2,6	2 × 1,3
800	37	36			3,0	2,8	2 × 1,4
1000	37	36			3,0	3,0	2 × 1,5

Die Bespinnung über der Bewehrung muß derart aus-

verwenden. Mehrleiter-Gummibleikabel sind als verseilte Kabel aus solchen Leitungen herzustellen. Bei Einfachkabeln kann die Umklöpplung der GA-Leitungen durch eine zweite Bandbewicklung ersetzt sein. Bei Mehrfachkabeln kann die Beklöpplung der einzelnen Adern fortfallen; die Adern müssen indes nach der Verseilung mit einem imprägnierten Bande umgeben werden. Bleimantel und Bewehrung müssen bei Einleiterkabeln der Tabelle I, bei Mehrleiterkabeln der Tabelle III entsprechen. Bei mit Metall umklöppelten Gummikabeln werden Vorschriften,

leiter-Gleichstrom-Bleikabel mit und ohne bis 750 Volt.

Bedeckung des Bleimantels		Bewehrung		Bedeckung der Bewehrung		Äußerer Durchmesser des fertigen Kabels ungefähr mm	
Material	Dicke mm	Blechstärke mm	Drahtstärke mm	Material	Dicke mm	ohne	mit Prüfdraht
6		7		8		9	
Gut imprägniertes Papier oder anderer säurefrei imprägnierter Faserstoff	1,5	—	Verzinkter Eisendraht von 1,8 mm Durchmesser	Gut säurefrei imprägnierter Faserstoff	1,5	17	—
	1,5	—			1,5	17	—
	1,5	—			1,5	18	—
	1,5	—			1,5	19	—
	1,5	—			1,5	19	—
	1,5	—			1,5	20	—
	2,0	—			2,0	25	26
	2,0	2 × 0,8	—		2,0	25	26
	2,0	2 × 0,8	—		2,0	26	27
	2,0	2 × 0,8	—		2,0	29	30
	2,0	2 × 0,8	—		2,0	31	32
	2,0	2 × 0,8	—		2,0	32	33
	2,0	2 × 1,0	—		2,0	35	36
	2,0	2 × 1,0	—		2,0	37	38
	2,5	2 × 1,0	—		2,0	40	41
	2,5	2 × 1,0	—		2,0	43	44
	2,5	2 × 1,0	—		2,0	46	47
	2,5	2 × 1,0	—		2,0	49	50
	3,0	2 × 1,0	—		2,0	54	55
	3,0	2 × 1,0	—		2,0	58	59
	3,0	2 × 1,0	—		2,0	63	64
	3,0	2 × 1,0	—		2,0	67	68

geführt werden, daß eine gute Deckung vorhanden ist.

betreffend die Hülle über dem Bleimantel, nicht erlassen.

Adern und fertige Kabel sind nach den Bestimmungen für GA-Leitungen und SGA-Leitungen zu prüfen. Für die zulässige Belastung sind die Tabellen unter C maßgebend.

25. **II. Papier- oder Faserstoff-Bleikabel.**

1. Einleiter-Gleichstrom-Bleikabel mit und ohne Prüfdraht bis 750 V.

Einfache Gleichstrom-Bleikabel müssen der Konstruktionstabelle I entsprechen, und zwar gelten für

α) blanke Bleikabel die Spalten 1 bis 5,

26. β) asphaltierte Bleikabel die Spalten 1 bis 6,

γ) armierte asphaltierte Bleikabel die Spalten 1 bis 9.

Tabelle II.

Kupferquerschnitt der Einzelleiter mm^2	Mindestzahl der Drähte		in jedem kreisförmigen Leiter bei den verseilten Kabeln	Prüfdrähte Querschnitt der Kupferseele mm^2	Isolierhülle für Kabel bis 750 V	
	des Innenleiters bei konzentrischen Kabeln				Material	Mindeststärke zwischen den Leitern und zwischen Leiter und Blei
	Kabel ohne Prüfdrähte	mit Prüfdrähten				
1	—	—	1			2,3
1,5	—	—	1			2,3
2,5	—	—	1			2,3
4	—	—	1			2,3
6	—	—	1			2,3
10	1	—	1			2,3
16	1	3	7		Gut imprägnierte Papier- oder andere Faserstoffisolierung	2,3
25	7	6	7			2,3
35	7	6	7			2,3
50	19	6	19			2,3
70	19	13	19			2,3
95	19	13	19	1		2,3
120	19	13	19			2,3
150	19	18	37			2,3
185	37	26	37			2,5
240	37	29	37			2,5
310	37	36	61			2,8
400	37	36	—			2,8

Die .Prüfspannung beträgt für alle drei Arten 27.
1200 V Wechselstrom. Die Kabel dürfen bei einhalbstündiger Prüfung in der Fabrik nicht durchschlagen.

Besteht der Leiter aus Aluminium anstatt aus 28.
Kupfer, so sind nur die normalen Querschnitte
von 4 mm^2 an aufwärts zulässig; die Bauart der
Kabel ist dieselbe.

2. Konzentrische und verseilte Mehrleiter-Bleikabel mit und ohne Prüfdraht. 29.

Die Drähte der Außenleiter bei konzentrischen
Mehrleiterkabeln sind derart zu wählen, daß dieselben einen möglichst geschlossenen Leiter bilden. 30.
Schwächer als 0,8 mm Durchmesser dürfen die
Drähte jedoch nicht sein.

Konzentrische Mehrleiterkabel sind nur für
Spannungen bis 3000 V zulässig.

Tabelle III.

Durchmesser der Kabelseele unter dem Bleimantel mm	Bleimantel einfach mm	Bleimantel doppelt mm	Bespinnung des Bleimantels mm	Blechstärke der Bewehrung mm	Bedeckung der Bewehrung Dicke in mm
bis 10	1,5	2×0,9	2	2×0,8	2
„ 12	1,6	2×0,9	2	2×0,8	2
„ 14	1,7	2×1,0	2	2×0,8	2
„ 16	1,7	2×1,1	2	2×0,8	2
„ 18	1,8	2×1,1	2	2×0,8	2
„ 20	1,9	2×1,1	2,5	2×1,0	2
„ 23	2,0	2×1,2	2,5	2×1,0	2
„ 26	2,1	2×1,2	2,5	2×1,0	2
„ 29	2,2	2×1,2	2,5	2×1,0	2
„ 32	2,3	2×1,3	2,5	2×1,0	2
„ 35	2,4	2×1,3	2,5	2×1,0	2
„ 38	2,6	2×1,3	3	2×1,0	2
„ 41	2,7	2×1,4	3	2×1,0	2
„ 44	2,8	2×1,4	3	2×1,0	2
„ 47	3,0	2×1,5	3	2×1,0	2
„ 50	3,2	2×1,6	3	2×1,0	2
„ 54	3,2	2×1,6	3	2×1,0	2
„ 58	3,4	2×1,7	3	2×1,0	2
„ 62	3,4	2×1,7	3	2×1,0	2
„ 66	3,6	2×1,8	3	2×1,0	2
„ 70	3,6	2×1,8	3	2×1,0	2

Prüfdrähte sind nur in Kabeln für Spannungen bis 750 V zulässig.

31. Die Prüfspannungen der Kabel werden wie folgt festgesetzt:

Die Spannung bei der Prüfung in der Fabrik soll das Doppelte, jene bei der Prüfung nach fertiger Verlegung das 1,25-fache der Betriebsspannung betragen. Den Bedingungen ist genügt, wenn die Kabel in der Fabrik nach einhalbstündiger Prüfung und im fertig verlegten Netz nach einstündiger Prüfung mit den vorgeschriebenen Spannungen in Wechselstrom- bzw. bei den Dreifachkabeln in Drehstromschaltung nicht durchschlagen.

32. Für den Aufbau des Kupferleiters und der Isolierhülle von Kabeln für Spannungen bis 750 V gilt Tabelle II.

Die Stärken der Isolationsschichten zwischen den Leitern unter sich und zwischen den Leitern und Blei werden bei den Kabeln höherer Spannungen, also über 750 V, dem Ermessen des Fabrikanten überlassen. Keinesfalls dürfen die Stärken geringer sein, als für die Kabel für 750 V festgelegt ist.

Für die Stärke der Bleimäntel und der Eisenbandbewehrung gilt Tabelle III.

Die Bespinnung über der Bewehrung muß derart ausgeführt werden, daß eine gute Deckung vorhanden ist.

Bestehen die Leiter aus Aluminium anstatt aus Kupfer, so sind nur die normalen Querschnitte von 4 mm² an aufwärts zulässig; die Bauart der Kabel ist dieselbe.

33. ## C. Belastungstabellen für isolierte Leitungen.

I. Kupferleitungen.

1. Belastungstabelle für gummiisolierte Leitungen.

Querschnitt in mm²	Höchste dauernd zulässige Stromstärke[1]) pro Leiter in Amp.	Querschnitt in mm²	Höchste dauernd zulässige Stromstärke[1]) pro Leiter in Amp.
0,50	7,5	10	43
0,75	9	16	75
1	11	25	100
1,5	14	35	125
2,5	20	50	160
4	25	70	200
6	31	95	240

[1]) Bei Auswahl der Sicherung ist § 20[1] der „Errichtungsvorschriften" zu beachten.

Isolierte Starkstromleitungen.

Querschnitt in mm²	Höchste dauernd zulässige Stromstärke[1]) pro Leiter in Amp.	Querschnitt in mm²	Höchste dauernd zulässige Stromstärke[1]) pro Leiter in Amp.
120	280	400	640
150	325	500	760
185	380	625	880
240	450	800	1050
310	540	1000	1250

Bei intermittierendem Betriebe ist die zeitweilige Erhöhung der Belastung über die Tabellenwerte zulässig, sofern dadurch keine größere Erwärmung als bei der der Tabelle entsprechenden Dauerbelastung entsteht.

2. Belastungstabelle für Bleikabel. 34.

Querschnitt	Höchste dauernd zulässige Stromstärke in Amp.[1]) bei Verlegung im Erdboden							
	Einleiterkabel bis	Verseilte Zweileiterkabel bis		Verseilte Dreileiterkabel bis		Verseilte Vierleiterkabel bis		Konzentr. Zweileiterkabel bis	Konzentr. Dreileiterkabel bis
mm²	750 V	3000 V	10000 V	3000 V	10000 V	3000 V	10000 V	3000 V	3000 V
1	24	19	—	17	—	16	—	—	—
1,5	31	25	—	22	—	20	—	—	—
2,5	41	33	—	29	—	26	—	—	—
4	55	42	—	37	—	34	—	—	—
6	70	53	—	47	—	43	—	—	—
10	95	70	65	65	60	57	55	70	55
16	130	95	90	85	80	75	70	90	75
25	170	125	115	110	105	100	95	120	100
35	210	150	140	135	125	120	115	145	120
50	260	190	175	165	155	150	140	180	150
70	320	230	215	200	190	185	170	220	185
95	385	275	255	240	225	220	205	270	220
120	450	315	290	280	260	250	240	310	255
150	510	360	335	315	300	290	275	360	290
185	575	405	380	360	340	330	310	405	330
240	670	470	—	420	—	385	—	470	385
310	785	545	—	490	—	445	—	550	455
400	910	635	—	570	—	—	—	645	530
500	1035	—	—	—	—	—	—	—	—
625	1190	—	—	—	—	—	—	—	—
800	1380	—	—	—	—	—	—	—	—
1000	1585	—	—	—	—	—	—	—	—

[1]) Vgl. die Anm. zu C I 1

Bei Verlegung von Kabeln in Luft oder bei Anordnung in Kanälen und dergleichen, Anhäufung von Kabeln im Erdboden oder ähnlichen ungünstigen Verhältnissen empfiehlt es sich, die Belastung auf $^3/_4$ der in der Tabelle angegebenen Werte zu ermäßigen.[1])

Der Tabelle ist eine Übertemperatur von 25° C bei Dauerbelastung und die übliche Verlegungstiefe von etwa 70 cm zugrunde gelegt.

Sie gilt, solange nicht mehr als zwei Kabel im gleichen Graben nebeneinander liegen. Gesondert verlegte Mittelleiter bleiben hierbei unberücksichtigt.

Bei intermittierendem Betriebe ist die zeitweilige Erhöhung der Belastung über die Tabellenwerte zulässig, sofern dadurch keine größere Erwärmung als bei der der Tabelle entsprechenden Dauerbelastung entsteht.

35. ## II. Aluminiumleitungen.

1. Belastungstabelle für im Erdboden verlegte Einleiterkabel mit Aluminiumleiter für Gleichstrom bis 750 V.

Querschnitt in mm²	Höchste dauernd zulässige Stromstärke[2]) in Amp.	Querschnitt in mm²	Höchste dauernd zulässige Stromstärke[2]) in Amp.
4	42	150	390
6	55	185	440
10	75	240	515
16	100	310	600
25	130	400	695
35	160	500	795
50	200	625	910
70	245	800	1055
95	295	1000	1210
120	345		

[1]) In Bergwerken unter Tage sind Kabel, welche in der Sohle verlegt sind, zu behandeln wie im Erdboden verlegte Kabel.

[2]) Vgl. die Anm. zu C I 1.

C. Erläuterungen.

1. Die Normalien sind in drei Hauptabschnitte gegliedert, und zwar die gummiisolierten Leitungen, die Bleikabel und die Belastungstabellen für beide Leitungsarten. In dem Abschnitt A über gummiisolierte Leitungen sind zunächst unter „I." allgemeine Vorschriften und Angaben zusammengestellt, die für sämtliche Leitungen dieses Absatzes gemeinsame Gültigkeit haben. Unter „II." folgen die speziellen Vorschriften über Bauart und Prüfung. In drei Untergruppen sind im Gegensatz zu früheren Fassungen die gummiisolierten Leitungen jetzt eingeteilt worden: Leitungen für feste Verlegung, Leitungen für Beleuchtungskörper und Leitungen zum Anschluß ortsveränderlicher Stromverbraucher. Besonders die letzte Kategorie hat erhöhte Bedeutung gewonnen durch die außerordentliche Zunahme ortsveränderlicher Apparate. Handapparate mannigfacher Art für den Haus- und Werkstattsgebrauch, Heizapparate, tragbare Beleuchtungskörper sind in solcher Fülle in Gebrauch genommen, daß auch die zweckmäßige und betriebssichere Konstruktion der Anschlußleitungen von ganz besonderer Wichtigkeit wurde. Mit Rücksicht auf dieses Bedürfnis sind Werkstattsschnüre, Spezialschnüre und Hochspannungsschnüre als neue Typen geschaffen worden. Für die früher mit dem allgemeinen Ausdruck „bewegliche Leitungen" bezeichnete Art ist das Wort „Leitungstrossen" eingeführt.

In dem Abschnitt „B." sind alle Bleikabel zusammengefaßt. Hauptabschnitte bilden Bleikabel mit Gummiisolierung und Bleikabel mit Papier oder Faserstoffisolierung. Das Wort „Kabel" ist leider in der elektrotechnischen Nomenklatur nicht ganz eindeutig bestimmt. Vielfach wird Kabel mit Bleikabel gleichgesetzt, an anderen Stellen findet man auch wieder starke Leitungen ohne Bleimantel oder ein aus der Vereinigung mehrerer isolierter Drähte entstandenes Gebilde ohne Bleimantel als Kabel bezeichnet. Allgemein sind in den Errichtungsvorschriften und in den Normalien Kabel, die einen Bleimantel besitzen, als Bleikabel bezeichnet, während, wenn nur das einfache Wort Kabel gebraucht wird, das Vorhandensein eines Bleimantels nicht unbedingt notwendig ist. Erwünscht wäre es allerdings, das Wort Kabel ausschließlich auf die Anwendung für Bleikabel zu beschränken und in allen anderen Fällen, mögen die Querschnitte der äußeren Durchmesser noch so stark sein, mag es sich um einfache Drähte oder um vielfach verseilte Gebilde handeln, stets das Wort „Leitungen" mit entsprechenden Vorsilben zu benutzen.

Die Belastungstabellen fallen aus dem übrigen Inhalt der Normalien etwas heraus, da die Normalien sonst regelmäßig nur Konstruktions- und Prüfungsvorschriften enthalten. Die Belastungstabelle für gummiisolierte Leitungen ist identisch mit der in § 20 der Errichtungsvorschriften vorhandenen und hier nur der Vollständigkeit halber wiederholt. Die Belastungstabelle für Bleikabel wurde in die Normalien aufgenommen, weil die Errichtungsvorschriften sich auf unterirdisch verlegte Kabelnetze nicht beziehen.

2. Die für gummiisolierte Leitungen verwendeten Kupferdrähte müssen den Kupfernormalien entsprechen. Diese Bestimmung bedeutet eine Beschränkung der in § 20 Absatz 4 der Errichtungsvorschriften gemachten Vorschrift, die sich auf alle Leitungen, also auch auf isolierte Leitungen bezieht, in dem Sinne, daß die Verwendung von Kupfer geringerer Leitfähigkeit überhaupt nicht gestattet ist. Fraglich könnte es scheinen, ob gummiisolierte Leitungen mit Leitern aus anderen Metallen, z. B. Eisen, Aluminium oder Kupferlegierungen wie Bronze, Messing usw., den Normalien entsprechen, wenn gemäß § 20 Absatz 4 der Errichtungsvorschriften die Querschnitte so gewählt werden, daß sowohl Festigkeit wie Erwärmung durch den Strom den für Leitungskupfer gegebenen Querschnitten entsprechen. Sinngemäß soll sich indessen § 20 Absatz 4 nur auf Freileitungen beziehen, da für isolierte Leitungen der Hinweis auf die Festigkeit sich erübrigen würde. Anderseits wäre es unlogisch, für die Qualität anderer Metalle völlige Freiheit einzuräumen, wenn für die Beschaffenheit des Kupfers ganz bestimmte Werte mindestens eingehalten werden müssen. Demgemäß müssen, wie auch aus dem Wortlaut früherer Fassungen der Normalien sich zweifelsfrei ergibt, gummiisolierte Leitungen Kupferleiter besitzen. Leiter aus anderen Materialien entsprechen den Normalien nicht, falls nicht in besonderen Fällen Ausnahmen ausdrücklich gestattet sind. Dies ist während des Krieges geschehen, wo als Ersatz für Kupfer Zinkdraht und Eisenlitzen zugelassen wurden.

3. Die Kupferleiter in gummiisolierten Leitungen müssen verzinnt sein, weil der im Gummi enthaltene Schwefel andernfalls bei der Vulkanisationshitze sich mit dem Kupfer zu Schwefelkupfer verbinden und Festigkeit und Leitfähigkeit beeinträchtigen könnte. Außerdem soll die Verzinnung den Zweck haben, ein leichteres Löten der Drähte zu ermöglichen. Unter Feuerverzinnung ist diejenige Verzinnungsmethode verstanden, bei der die Drähte nach Reinigung mit verdünnter Schwefelsäure durch ein Bad von flüssigem Zinn gezogen werden. Die Dicke der Zinnschicht hängt von dem Durchmesser des Drahtes ab und steigt mit diesem. Feuerverzinnung ist vorgeschrieben im Gegensatz zur sogenannten Sudverzinnung, bei der die Drähte durch Kochen in Weinsteinlösung bei Gegenwart von Zinn mit einer nur oberflächlichen Zinnschicht überzogen werden. Erfahrungsgemäß schützt diese dünne Haut nicht gegen den Angriff des Kupfers durch den Schwefel.

Gelegentlich werden die Zinnbäder mit Blei versetzt. Derartige Verunreinigungen sind, wenn der Bleigehalt erheblich ist, unstatthaft. Auch die reine Zinnschicht verliert durch die Vulkanisation ihren silberweißen Glanz und nimmt eine gelbliche Färbung an, offenbar infolge Bildung von Zinnsulfit. Eine vielfach beobachtete Erscheinung ist es, daß auch sorgfältig und einwandfrei verzinnte gummiisolierte Drähte nach der Vulkanisation geschwärzt sind. Es ist bisher noch nicht möglich gewesen, diese Erscheinung völlig aufzuklären. Wahrscheinlich wird sie durch gewisse, besonders in dunkeln Gummimischungen enthaltene Zusätze gefördert und steigt mit der Länge der Vulkanisation. Jedenfalls ist es nicht berechtigt, bei dunkler Färbung des Leiters ohne weiteres auf mangelhafte Verzinnung zu schließen. Falls die Temperatur des Zinnbades zu hoch gehalten oder nicht oft genug erneuert wird, kann sich das Zinn mit Kupfer anreichern, so daß der Zinnüberzug kupferhaltig ist. Auch in solchen Fällen wird sich nach dem Vulkanisieren die Verzinnung leicht schwärzen. Neuerdings sollen elektrolytische Verzinnungsmethoden praktisch erprobt worden sein, die im Gegensatz zur Sudverzinnung einen dichten festhaftenden und beliebig starken Zinnüberzug liefern. Es wird zu erwägen sein, ob derartige Verfahren künftig der Feuerverzinnung gleich zu werten sind, wenn genügende Erfahrungen über ihre Brauchbarkeit vorliegen. Vorläufig können sie jedenfalls nicht als zulässig erachtet werden.

Von einer besonderen Prüfung der Verzinnung ist in den Normalien abgesehen. Vielfach existieren jedoch in behördlichen Spezifikationen Vorschriften darüber, darin bestehend, daß der verzinnte Leiter eine bestimmte Anzahl Eintauchungen in gewisse Lösungen aushalten muß, ohne daß sich schwarze Stellen bilden. Die Unsicherheit dieser Prüfungen ließ es geraten erscheinen, in den Normalien darauf zu verzichten.

Bei der Untersuchung, ob eine verzinnte Leitung den Anforderungen der Kupfernormalien entspricht, ist zu berücksichtigen, daß Durchmesser und Gewicht durch die Verzinnung größer werden. Aus einer verzinnten Leitung berechnet sich selbstverständlich ein etwas höherer spezifischer Widerstand als aus einer unverzinnten Leitung desselben Durchmessers. Der Kupferquerschnitt und die Qualität des Kupfers müssen daher von vornherein so bemessen werden, daß trotz der Beeinflussung durch die Verzinnung der in § 1 der Kupfernormalien festgesetzte Minimalwert für den spezifischen Widerstand nicht unterschritten wird. Es sei erwähnt, daß im Gegensatz zu dieser Forderung der deutschen Normalien die englischen Vorschriften eine Überschreitung des nach der Drahtdicke berechneten

Widerstandes um 1 % bei allen verzinnten Kupferleitern zwischen 0,7 mm und 0,3 mm Durchmesser gestatten.

4. Die Vorschrift über die Zusammensetzung der Gummihülle bildet einen der wichtigsten Punkte im Inhalte der Normalien. Sie ist nach langen und schwierigen Beratungen unter Mitwirkung chemischer Spezialisten und unter Beteiligung des Kgl. Material-Prüfungsamtes in Groß-Lichterfelde zustande gekommen. Ursprünglich enthielten die Normalien überhaupt keine Vorschrift für die Zusammensetzung der Gummihülle; dieselbe war dem Ermessen der Fabrikanten vollständig freigestellt und lediglich so herzustellen, daß sie der vorgeschriebenen Spannungsprüfung mit 2000 Volt standhielt. Schon aus den frühesten Verhandlungen über die Schaffung von Normalien für gummiisolierte Leitungen aus dem Jahre 1901 geht indessen hervor, daß chemische Prüfungen für erwünscht gehalten wurden. Nach dem Protokoll der Sitzung der Draht- und Kabel-Kommission vom 12. Januar 1901 wurde schon damals vorgeschlagen, in den auszuarbeitenden Bestimmungen eine Vorschrift über die Qualität des zu verwendenden Gummis aufzunehmen und zur Ausarbeitung dieser Vorschriften einen Chemiker mit heranzuziehen. In einer späteren Sitzung berichtete man, daß eine chemische Prüfung von Gummi mit außerordentlichen Schwierigkeiten verknüpft sei. Es sei wohl möglich, die mineralischen Verunreinigungen festzustellen, während allem Anschein nach keine Methode existiere, um die viel gefährlicheren organischen Beimischungen mit Sicherheit nachzuweisen. Aus diesem Grunde sei die früher vorgeschlagene chemische Prüfung als undurchführbar zu bezeichnen. Nach dem Protokoll der Sitzung vom 15. Mai 1901 hielten es die Anwesenden infolge der außerordentlichen Schwierigkeit der Aufgabe (Gummiuntersuchung) für vollkommen unmöglich, zurzeit nach dieser Richtung Vorschläge zu machen. Das Bestreben, die Unsicherheit zu beseitigen, die in der unkontrollierten Beschaffenheit der Gummimischung lag, datiert also schon von der Entstehungsgeschichte der Normalien her. Tatsächlich kamen auch in den späteren Jahren, besonders zu Zeiten sehr hoher Rohgummipreise, Drähte in den Handel, die, obwohl durch den Kennfaden als Normaliendrähte bezeichnet, einen so schlechten und minderwertigen Gummiüberzug hatten, daß die Betriebssicherheit der damit installierten Anlagen gefährdet erschien.

Aus diesem Grunde drang immer mehr die Erkenntnis durch, daß Festsetzungen über die Zusammensetzung der Gummimischung notwendig wären, und die Fortschritte der chemischen Analysenmethoden ermöglichten es schließlich jene Vorschläge in die Tat umzusetzen, die bereits etwa 10 Jahre vorher in richtiger Erkenntnis des anzustrebenden Ziels gemacht worden waren. Auf Grund der Erfahrungen der Gummifabrikanten ist angenommen worden, daß ein Gehalt der Gummimischung von 33,3 % Kautschuk hinreichend ist, um eine elektrisch brauchbare Mischung zu bilden, die auch Witterungseinflüssen und Temperaturschwankungen gegenüber widerstandsfähig bleibt; anderseits ist dieser Gummigehalt noch nicht so groß, daß der Preis der Drähte unzulässig erhöht wird. Um minderwertige Kautschuksorten auszuschließen, wurde der Höchstgehalt an Harz auf 6 % beschränkt; in der ursprünglichen Vorschrift war diese Ziffer mit nur 4 % angegeben. Bei der praktischen Ausführung ergaben sich indessen Schwierigkeiten, die es ratsam erscheinen ließen, die Grenze heraufzusetzen. Der Harzgehalt des Rohkautschuk bildet ein wichtiges Kriterium für seine Güte, seine Haltbarkeit und sein Oxydationsvermögen, für diejenigen Eigenschaften also, die die Lebensdauer des Kautschuks im wesentlichen beeinflussen. Zurzeit herrscht noch keine völlige Klarheit über die spezifischen Eigenschaften der Kautschukharze, indessen kann es als feststehende Tatsache gelten, daß harzreiche Kautschuke fabrikatorisch minderwertiger sind als harzarme Sorten. Der Harzgehalt besten Paragummis sowie derjenige erstklassiger Plantagensorten liegt zwischen 1,5 und 4 %, während minderwertige Qualitäten bis zu 12 % und mehr Harzgehalt aufweisen.

Bei der Aufstellung der Normalien hatte man in erster Linie die Verwendung des Para-Kautschuks fördern wollen, desjenigen Produktes also, der in Brasilien aus der Hevea brasiliensis gewonnen und nach seinem Ausfuhrhafen „Para" bezeichnet ist. Inzwischen hat aber der plantagenmäßige Anbau in Ceylon und auf der malaiischen Halbinsel so ungeheure Fortschritte gemacht, daß gegenwärtig wohl der überwiegende Teil des für isolierte Leitungen verwendeten Kautschuks Plantagen-Kautschuk ist. Als erstklassige Ware ist im allgemeinen aber auch dort nur das Produkt der Hevea-Gattungen zu bezeichnen. Als Standard-Qualität gilt im allgemeinen die unter der Bezeichnung First latex crêpe in den Handel kommende Marke. Wenn es auch bisher nicht gelungen ist, die Gewinnungs- und Verarbeitungsmethoden auf den Kautschukplantagen so zu vereinheitlichen, daß völlig oder wenigstens nahezu gleichwertige Produkte gewährleistet werden, so werden mit der steigenden Produktion die Qualitäten immer gleichförmiger, so daß auch aus diesem Grunde die Verarbeitung des Plantagen-Kautschuks Vorteile bietet. Dazu kommt, daß der Plantagen-Kautschuk bereits in ziemlich reinem Zustande geliefert wird, während z. B. wild gewonnener Para bei der Reinigung einen Waschverlust von 15—20 % ergibt.

Die wilden Preisschwankungen, denen der Kautschuk in früheren Jahren unterworfen war, sind, nachdem die

Plantagen regelmäßige und steigende Zufuhren liefern, verschwunden, und nach den sensationellen Preisstürzen der Jahre 1910 und 1911 hielt sich der Kautschukpreis auf einem gleichmäßig niedrigen Stand.

Die Kautschukmischung soll einschließlich des zur Vulkanisation notwendigen Schwefels höchstens 66,7 % Zusatzstoffe enthalten. Von organischen Füllstoffen ist nur der Zusatz von Zeresin (Paraffinkohlenwasserstoff) bis zu einer Höchstmenge von 3 % gestattet. Die Vermengung des Kautschuks mit anderen Substanzen geschieht nicht nur der Verbilligung wegen, sondern auch, um dem Material die mechanischen Eigenschaften zu verleihen, die der reine Kautschuk nicht besitzen würde. Als mineralische Zusätze kommen in Betracht: Bleiglätte, Magnesia, Schwerspat, Talkum, Kreide und anorganische Färbemittel, zum Beispiel der für Rotfärbung fast ausschließlich benutzte Goldschwefel. Mit Absicht wurde darauf verzichtet, über die qualitative und quantitative Zusammensetzung der Füllmittel genaue Vorschriften zu erlassen. Es sollte vielmehr den einzelnen Fabrikanten überlassen bleiben, auf Grund ihrer Erfahrungen die zweckmäßigste Auswahl der Füllstoffe selbst zu treffen. Die Beimengung des Schwefels dient zur Vulkanisierung, dem wichtigsten Prozesse bei der Verarbeitung der Gummimischung. Die Vulkanisation besteht in einer unter dem Einfluß des Schwefels bei Temperaturen von 125—145° C und entsprechendem Dampfdruck vor sich gehenden chemischen Umlagerung des Kautschukmoleküls, deren Einzelheiten noch nicht völlig erforscht sind. Während das rohe Kautschukgemisch plastisch und mechanisch wenig widerstandsfähig ist, gewinnt durch die Vulkanisation der Gummi Elastizität und Festigkeit. Die Güte des fertigen Produktes hängt in hohem Maße davon ab, ob der Vulkanisierprozeß richtig vorgenommen ist. Zu schwach vulkanisierte Gummimischungen haben geringe Elastizität und sind kittartig, zu stark vulkanisierte Gummimischungen sind hart, spröde und rissig. Denjenigen Teil des Gesamtschwefels, der durch die Vulkanisierung an das Kautschukmolekül gekettet ist, nennt man gebundenen Schwefel, den Rest freien Schwefel. Ein gewisser Zusatz von Zeresin wurde deswegen erlaubt, weil dadurch die Mikroporosität der Gummimischung verringert und der Isolationswiderstand erhöht wird. Außerdem ist die Verarbeitung zeresinhaltiger Mischungen auf den Bedeckungsmaschinen eine angenehmere.

Die Beimengung sonstiger organischer Füllmittel ist nicht gestattet, in Frage kämen hierfür insbesondere Faktis, regenerierter Kautschuk und plastizierte Kautschukabfälle. Das Verbot des Faktiszusatzes erfolgte in erster Linie mit Rücksicht auf die Möglichkeit einer einwandfreien chemischen Analyse. Faktisse sind Verbindungen von fetten Ölen verschiedener Art mit Chlorschwefel oder Schwefel. Sie bilden eine Masse von ausgeprägter Elastizität, die wegen ihres geringen spezifischen Gewichtes mit Vorliebe sogenannten schwimmenden Gummimischungen zugesetzt wird. Eine mäßige Faktisbeigabe ist einer Gummimischung durchaus nicht schädlich, sie wirkt konservierend und erhöht erfahrungsgemäß Durchschlagsfestigkeit und Isolationswiderstand. Trotzdem mußte man sich dazu entschließen, den Faktiszusatz zu untersagen, weil nach übereinstimmender Ansicht der Chemiker eine einwandfreie Kautschukbestimmung mit den zurzeit bekannten Methoden nicht durchführbar ist, wenn die Gummimischung Faktis enthält.

Aus dem gleichen Grunde verbot man die Verwendung regenerierten Gummis oder plastizierter Gummiabfälle. Gegen den Zusatz dieser Stoffe spricht allerdings außerdem noch, daß dieselben häufig Verunreinigungen enthalten, so daß bei der geringen Wandstärke der Gummihülle von 0,8 mm leicht Isolationsfehler entstehen können.

Für das spezifische Gewicht des Gummis ist als untere Grenze 1,5 vorgeschrieben, um eine zu große Verdünnung des Kautschukmaterials mit leichten indifferenten Füllstoffen zu vermeiden. Da die vorgeschriebenen Prozentsätze Gewichtsprozente sind, so wird auf das Volumen bezogen der Kautschukgehalt um so geringer, je niedriger das spezifische Gewicht der Mischung ist. Der Wert der Mischung sinkt also bei gleichen Gewichtsprozenten des Kautschuks mit abnehmendem spezifischen Gewicht. Auch die elektrischen Eigenschaften werden schlechter, weil mit zunehmender Verdünnung des Kautschuks die Porosität der Mischung größer wird und damit ihr Isolationsvermögen sinkt.

Die rote Färbung der Gummimischung ist unzulässig, um Verwechselungen mit den in den Normalien für isolierte Leitungen in Fernmeldeanlagen enthaltenen Z-Drähten zu vermeiden. Im übrigen ist jede andere Färbung gestattet. Die Färbung des Gummis hat auf die Qualität im allgemeinen keinen Einfluß. Die dunkle Färbung einer Gummimischung ist in der Regel durch den Zusatz von Bleiglätte bedingt. Helle Gummimischungen enthalten in der Hauptsache Talkum und Kreide.

Häufig ist die Frage aufgeworfen, ob nicht bereits ein geringerer Kautschukgehalt als 33,3 % ausreichen würde, um gute Leitungsdrähte herzustellen. Diese Frage ist zu verneinen. Wenn der Kautschukgehalt geringer gewählt wird, so kommt man mit dem Zusatz lediglich anorganischer Füllstoffe nicht mehr aus, sondern man muß, um den nötigen Zusammenhalt und hinreichende Plastizität zu erzielen, organische Füllmittel beimengen. Dann aber ist, wie oben angeführt, eine einigermaßen zuverlässige chemische Nachprüfung nicht mehr möglich. In den Vereinigten Staaten von

Amerika sind kürzlich gleichfalls Vorschriften für die Zusammensetzung der Gummimischung erlassen worden und auch hier ist als untere Grenze für den Kautschukgehalt 30—33 % vorgeschrieben worden.

Die Methoden zur chemischen Untersuchung der Gummimischung sind durch eingehende Beratungen zwischen dem Materialsprüfungamt und den Chemikern der Kabelfabrikanten festgelegt worden. Außerdem ist zwischen der Vereinigung der Fabrikanten isolierter Leitungen (Fil) und dem Kgl. Material-Prüfungsamt in Lichterfelde-West ein Abkommen über die Prüfung der Leitungen getroffen worden. Die bezüglichen Bestimmungen über die vereinbarten Prüfungsmethoden sind nachstehend wiedergegeben.

Verfahren zur Untersuchung des für isolierte Leitungen verwendeten Kautschukmaterials.

Probenahme und Probevorbereitung.

Zu einer Untersuchung sind mindestens 30 g Kautschukmaterial erforderlich. Dieses Material ist von fertigen Drähten zu entnehmen. Es ist daher soviel Leitungsdraht einzusenden, daß 30 g Kautschukmischung für die Analyse vom Amte entnommen werden können.

Das Material wird durch Zerschneiden mit einer Schere in Würfel von 0,5 bis 1 mm Kantenlänge zerkleinert.

1. Bestimmung des spezifischen Gewichtes.

Der Ausdruck „spezifisches Gewicht" wird hier im Sinne von „Raumgewicht" („Volumengewicht") benutzt.

Das zu untersuchende Material muß in einer Chlorzinklösung vom spezifischen Gewicht 1,49 bei 15° C untersinken.

2. Qualitative Prüfung auf Mineralöle, Asphalte und ähnliche Stoffe.

Beim Aufquellen der Probe mit Lösungsmitteln wie Xylol, Tetrachlorkohlenstoff, Pyridin, Nitrobenzol, darf die entstehende Lösung weder Fluoreszenz noch dunkle Färbung zeigen.

3. Bestimmung der in Azeton löslichen Anteile.

Zweimal je 5 g der Probe werden im Soxhlet-Apparat, vor Licht geschützt, mit frisch destilliertem Azeton 10 Stunden auf dem Wasserbade ausgezogen. Das Azeton wird dann aus dem Kölbchen abdestilliert. Die in dem Kölbchen verbleibenden Rückstände werden, jeder für sich, bei 100° C im Dampftrockenschranke bis zur Gewichtskonstanz getrocknet und dann gewogen. Einer der beiden Extraktionsrückstände wird mit 50 ccm absolutem Alkohol in der Wärme aufgenommen, filtriert und mit 25 ccm kochendem absolutem Alkohol nachgewaschen. Das Filtrat bleibt in einer Kältemischung bei —4 bis —5° C eine Stunde stehen. Sodann filtriert man ab und wäscht mit etwa 100 ccm auf gleiche Temperatur abgekühltem Alkohol von 90 Volumenprozenten nach. Auf dem Filter verbleibt ein Teil des in Azetonlösung gegangenen Schwefels. Das Filtrat wird durch nochmaliges Abkühlen auf die Gegenwart von Paraffinkohlenwasserstoffen geprüft.

Der auf dem Filter verbliebene Rückstand wird durch Übergießen zunächst mit Alkohol, dann mit warmem Schwefelkohlenstoff in den ursprünglich benutzten Kolben wieder heruntergelöst, das Lösungsmittel verdampft und der Rückstand nach Trocknen bei 100° C gewogen. Er wird als Paraffinkohlenwasserstoffe + Schwefel angesprochen.

Zur Bestimmung der in den Paraffinkohlenwasserstoffen enthaltenen Schwefelmenge wird das Gemisch von Paraffin und Schwefel in dem Kölbchen mit etwa 20 ccm starker Salpetersäure (spezifisches Gewicht 1,48) $^1/_2$ Stunde zum schwachen Sieden erhitzt. Man verdünnt mit 100 ccm Wasser und filtriert nach dem Erkalten. Alsdann wird das Filtrat unter Zusatz einiger Körnchen Chlornatrium auf dem Wasserbade bis zur Trockne eingedampft, und der Rückstand mit 5 ccm konzentrierter Salzsäure abgeraucht. Nach Verdünnen auf 50 bis 100 ccm wird mit Chlorbaryum in bekannter Weise gefällt.

Der andere Extraktionsrückstand wird zur Bestimmung des gesamten in Azetonlösung gegangenen Schwefels nach dem gleichen Verfahren, wie oben angegeben, benutzt.

Aus den erhaltenen Zahlen läßt sich der Gehalt des Materials an anderen in Azeton löslichen Stoffen, die als Kautschukharz angesprochen werden, berechnen.

4. Bestimmung der Füllstoffe.

Zur Ausführung der Bestimmung wird die 1 g der ursprünglichen Probe entsprechende Menge des mit Azeton erschöpfend ausgezogenen und bei 50 bis 60° C getrockneten Materials in einem mit Luftkühler versehenen gewogenen Erlenmeyer-Kölbchen von 100 ccm Inhalt mit 25 ccm Petroleum (Fraktion 230 bis 260° C) übergossen und im Paraffinbade so lange zum Sieden erhitzt, bis die Kautschuksubstanz gelöst ist.[1]) Der Kolben wird nach dem Abkühlen mit Benzol fast gefüllt und 24 Stunden lang zum Absetzen des Niederschlages hingestellt. Die überstehende Flüssigkeit wird alsdann auf einem mit doppelten Filtrier-

---

[1]) Falls mit Petroleum keine vollständige Lösung erzielt wird, können andere Lösungsmittel, wie Kampferöl und Paraffinöl, benutzt werden.

scheibchen[1]) versehenen gewogenen Gooch-Tiegel abdekantiert und abgesaugt; die ablaufende Flüssigkeit wird so oft zurückgegossen, bis sie vollkommen klar durchläuft. Der Inhalt des Kölbchens und der Rückstand auf dem Gooch-Tiegel werden wiederholt mit heißem Benzol ausgewaschen, bis das Filtrat wasserhell abläuft; man wäscht dann noch mehrmals mit Petroleumäther, Alkohol und Äther und trocknet bei 105° C Gooch-Tiegel und Kölbchen.

Wenn eine Zentrifuge zur Verfügung steht, ist an Stelle der Filtration mehrmaliges Dekantieren im Kölbchen unter Zuhilfenahme der Zentrifuge vorzuziehen, da dieses Verfahren schneller zum Ziele führt. Das Kölbchen wird dann nach Austreiben des Restes der Waschflüssigkeit durch Trocknen bei 105° C bis zum konstanten Gewicht gewogen.

Bei der vorstehend beschriebenen Arbeitsweise werden außer den mineralischen Zusätzen auch organische, in Petroleum unlösliche Füllstoffe wie Ruß, Zellulose usw. mit bestimmt.

Die Summe der so gefundenen Füllstoffe, des in Azetonlösung gegangenen Schwefels und der Paraffinkohlenwasserstoffe soll höchstens 65,7% ergeben. Der Rest dieser Zahl von 100 wird als vulkanisierter Kautschuk angesprochen.

Zur Berechnung des Reinkautschukgehaltes der Mischung soll nach Übereinkunft 1% als Durchschnittswert für gebundenen Schwefel (auf die Mischung bezogen) in Abzug gebracht werden.[2])

5. Bestimmung der in $n/2$-alkoholischer Natronlauge löslichen Bestandteile.

Die mit Azeton behandelte Probe wird im Trockenschrank bei niedriger Temperatur (50 bis 60° C) getrocknet, aus der Soxhlet-Hülle in einem kleinen Erlenmeyer-Kolben (100 ccm) gegeben, mit 50 ccm einer halb normalen alkoholischen Natronlauge übergossen und 4 Stunden am Rückflußkühler auf dem Wasserbade zum Sieden erhitzt. Man filtriert durch ein Filter in ein Becherglas ab, wäscht zuerst mit 100 ccm heißem absolutem Alkohol und dann mit 50 ccm heißem Wasser nach, dampft bis auf etwa 15 ccm ein, spült in einen Schütteltrichter, verdünnt mit Wasser auf etwa 100 ccm, säuert mit verdünnter Schwefelsäure an, schüttelt mit wasserhaltigem Äther aus, verdampft

---

[1]) Das Anlegen der Filtrierscheibchen erfolgt in der Weise, daß die Filterchen feucht angedrückt und dann durch Waschen mit Alkohol und darauf Äther wieder getrocknet werden.

[2]) Von der unmittelbaren Bestimmung des gebundenen Schwefels wird vorläufig, um die sonst erforderliche unverhältnismäßige Erhöhung der Untersuchungskosten zu vermeiden, Abstand genommen.

vorsichtig (möglichst ohne Sieden) die Äther, Alkohol und Wasser enthaltende Lösung in mit Siedesteinchen beschickten gewogenen Bechergläschen, trocknet bis zur Gewichtskonstanz und wägt.

Als Höchstmenge der in alkoholischer Natronlauge löslichen Anteile ist der Gehalt von 1%, auf die Mischung bezogen, gestattet.

Die chemische Untersuchungsmethode kann nach den bisher vorliegenden Ergebnissen nicht als völlig einwandfrei betrachtet werden, insbesondere scheint die Bestimmung der Harzziffer mit Ungenauigkeiten verbunden zu sein. Festgestellt ist, daß die zur Imprägnierung des gummierten Bandes und der Baumwollbeklöppelung dienenden Substanzen, wenn sie in die Gummihülle eingedrungen sind, die Harzziffer erhöhen. Bei der Auswahl der für die Gummierung des Bandes anzuwendenden Mischung ist darauf entsprechende Rücksicht zu nehmen. Fast allgemein wird bei Gummidrähten mit imprägnierter Beklöppelung eine höhere Harzziffer gefunden, als bei Schnüren, die eine nichtimprägnierte Glanzgarn- oder Seidenbeklöppelung besitzen. Es ist daher in der Fabrikation zu beachten, daß nur solche Imprägniermittel benutzt werden, die die Harzziffer des Kautschuks nicht erhöhen, und daß mit einer derartigen Konsistenz imprägniert wird, daß das Tränkmittel in die Gummihülle selbst möglichst nicht eindringen kann.

In Anbetracht der Umständlichkeit der chemischen Kautschukuntersuchung wurde wiederholt vorgeschlagen, die Güte des Gummis durch mechanische Prüfungen, insbesondere Festigkeits- und Dehnungsmessungen beurteilen zu lassen. Eingehende Untersuchungen haben indessen erwiesen, daß günstige mechanische Werte noch kein Urteil über die Lebensdauer gestatten und daß sich hohe Grade von Elastizität und Festigkeit erzielen lassen, ohne daß der Gummi in seiner Zusammensetzung den festgelegten Bedingungen entspricht. Sehr erschwert werden mechanische Prüfungen auch dadurch, daß es fast unmöglich ist, einen geeigneten Gummistreifen so tadellos von dem Draht abzulösen, daß er nachher einer einwandsfreien mechanischen Untersuchung unterworfen werden kann. Innerhalb der Draht- und Kabel-Kommission und im Material-Prüfungsamt sind wiederholte Beratungen über diesen Gegenstand gepflogen worden mit dem Ergebnisse, daß man beschlossen hat, von jeder mechanischen Prüfung abzusehen.

5. Die Beilage des weißen Kennfadens soll eine Gewähr dafür geben, daß das Leitungsmaterial in allen Punkten den in den Normalien angegebenen Bedingungen

und Vorschriften entspricht. Es müssen also sowohl die Vorschriften über die Bauart wie über die Prüfung der Leitungen erfüllt sein.

Neben dem weißen Faden sollen alle Normalienleitungen den sogenannten Firmenkennfaden führen, nach dem die Herkunft der Leitung an Hand der von der Vereinigung der Elektrizitätswerke herausgegebenen Kennfädensammlung festgestellt werden kann. Der Firmenkennfaden allein bildet aber kein Kriterium für normaliengemäße Beschaffung einer Leitung.

Die Beilage der Kennfäden ist keine Vorschrift der Normalien, sondern lediglich eine zwischen der Vereinigung der Elektrizitätswerke und den fabrizierenden Firmen getroffene Vereinbarung, die der Verband Deutscher Elektrotechniker zur Kenntnis genommen hat. Die Bedeutung der Kennfäden ist indessen in den beteiligten Fachkreisen so allgemein bekannt, daß ihr absichtlicher Mißbrauch auch von solchen Firmen, die sich dem Abkommen nicht angeschlossen haben, zweifellos als eine straf- und zivilrechtlich zu verfolgende betrügerische Handlung angesehen werden muß.

Bis zum Jahre 1910 war als Normalfaden neben dem Firmenkennfaden ein roter Kennfaden vorgesehen. Auch heute noch finden sich große Mengen Leitungen mit rotem Kennfaden im Markte, die gewöhnlich die zusätzliche Bezeichnung „nach alten Normalien" oder „entsprechend den Normalien von 1903" erhalten.

Demgegenüber ist zu betonen, daß es alte Normalien nicht gibt, sondern daß die damit gemeinten Vorschriften außer Kraft gesetzte Bestimmungen darstellen. Außerdem entsprechen die mit rotem Faden versehene Leitungen in der Regel selbst den früheren Vorschriften nicht in vollem Umfange insofern, als die Prüfungsvorschriften nicht eingehalten zu sein pflegen. Lediglich die Vorschriften über die Bauart sind im allgemeinen erfüllt.

6. Der Verwendungsbereich der einzelnen Leitungsarten ist durch die Errichtungsvorschriften bestimmt. Die auf den Verwendungsbereich bezüglichen Angaben der Normalien sind im wesentlichen nur Wiederholungen aus den Errichtungsvorschriften. Sie enthalten die Spannungsgrenze sowie die Örtlichkeiten, in denen die Leitungen anzuwenden sind. Die Bezeichnung „für Spannungen bis 750 Volt" z. B. soll angeben, daß die Leitung verwendbar ist in allen Fällen, wo weder zwischen den Leitern noch einem Leiter und Erde eine höhere Gebrauchsspannung als 750 Volt betriebsmäßig auftreten kann.

In einem gewissen Gegensatz dazu steht die Definition der Niederspannungsanlagen in den Errichtungsvorschriften, insofern, als hier die Gebrauchsspannung zwischen irgendeiner Leitung und Erde der Definition zugrunde liegt. Diejenigen Leitungen, die für Niederspannungsanlagen als zulässig bezeichnet sind, können daher in Drehstromnetzen mit 430 Volt verketteter Spannung noch benutzt werden, wenn der neutrale Punkt dieser Netze dauernd geerdet ist. Denn in diesem Falle kann die effektive Gebrauchsspannung zwischen irgendeiner Leitung und Erde 250 Volt nicht überschreiten.

7. Gummiaderleitungen sind nur noch für feste Verlegung zulässig. Darunter ist vorwiegend Verlegung auf Rollen, Isolatoren und in Rohren verstanden. Ein Anschluß ortsveränderlicher Stromverbraucher, z. B. in landwirtschaftlichen Betrieben mittels einzelner, etwa lose auf dem Erdboden verlegter Gummiaderleitungen, ist nicht statthaft. Auch für provisorische Anschlüsse dieser Art dürfen Gummiaderleitungen nicht benutzt werden. Zweifel könnten beim Anschluß von Bogenlampen bestehen, die von ihrem Aufhängepunkt zur Reinigung und Kohlenerneuerung herabgelassen werden und daher eine dieser senkrechten Bewegung nachkommende Zuleitung haben müssen. In diesen Fällen sind Gummiaderleitungen zulässig, da die Bogenlampe nicht als ein von einem Ort zu einem anderen Ort bewegbarer Stromverbraucher anzusehen ist, sondern lediglich an ihrem Aufhängeort selbst hin und her bewegt wird. Die Leitung selbst besitzt zwei feste Punkte, zwischen denen sie mit größerem Spielraum durchhängt, so daß der Begriff der festen Verlegung anwendbar erscheint. Einen ähnlichen Fall bieten die sogenannten Fahrstuhlkabel dar, die den feststehenden Motor mit dem sich auf und ab bewegenden Schaltorganen im Fahrstuhlkorb verbinden. Auch hier sind zwei feste Aufhängepunkte vorhanden im Gegensatz zu den mittels Steckkontakt anzuschließenden Leitungen für transportable Stromverbraucher. Selbstverständlich muß für derartige Anwendungsgebiete beim Bau der Kupferseile besonders große Biegsamkeit angestrebt werden, damit die Leitung den auf sie ausgeübten Bewegungen ohne Schaden zu folgen vermag.

Die Spannungsgrenze wurde in der vorliegenden neuen Fassung von 700 Volt auf 750 Volt heraufgesetzt mit Rücksicht auf zahlreiche mit dieser Spannung betriebene Straßenbahn-Zentralen.

Die in der Konstruktionstabelle angegebenen Werte für Drahtzahl und Gummistärke sind Mindestwerte, die auf keinen Fall durch auch noch so geringe Beträge unterschritten werden sollen. Anderseits sind höhere Werte ohne weiteres gestattet. Die Ziffern für die Stärke der Gummischicht sind wesentlich aus mechanischen Gründen gewählt, daher kommt es auch, daß mit wachsendem Querschnitt die Stärke der Gummischicht zunimmt, trotzdem nach bekannten Regeln die elektrische Beanspruchung des Isoliermaterials mit steigendem Durchmesser bei gleicher Betriebsspannung abnimmt. Im allgemeinen folgt unmittelbar über dem verzinnten Kupferleiter die Gummihülle. Die Gummihülle muß nahtlos sein, eine Forderung, die schon durch die vorgeschriebene Prüfung bedingt ist. Gleichgültig bleibt, ob die Umkleidung des Drahtes mit der Spritzmaschine oder der Adermaschine erfolgte. Andere Kupferquerschnitte als die sogenannten Normalquerschnitte der Tabelle sollen, nicht benutzt werden. Diese Forderung ist notwendig mit Rücksicht auf die Fabrikation und die möglichste Beschränkung der Installationszubehörteile. Die Gummihülle kann nach Belieben einschichtig oder mehrschichtig sein, die Schichten können mit der durch A I, 2 (vgl. Seite 45) bedingten Ausnahme beliebige Farben besitzen. Das über der Gummihülle liegende gummierte Band wird zweckmäßig vor der Vulkanisierung aufgebracht, damit es mit der Gummihülle selbst fest verbunden ist. Es soll die Gummihülle vor mechanischen Einwirkungen schützen und während der Vulkanisierung die Entstehung von Druckstellen verhindern. Die für die Gummierung des Bandes benutzte Gummimischung muß so zusammengesetzt sein, daß bei der Analyse des fertigen Fabrikates die Forderung nach A I, 2 erfüllt ist. (Vgl. Seite 49.) Die über dem gummierten Band folgende Umklöpplung aus Baumwolle, Hanf oder gleichwertigem Material dient ebenfalls zum mechanischen Schutz der Gummihülle.

8. Die geforderte Umklöpplung ist nicht mit einer Umspinnung zu verwechseln. Die Umklöpplung stellt ein mechanisch widerstandsfähiges Geflecht dar, bei dem die einzelnen Fäden eng miteinander auf eigenartige Weise so verbunden werden, daß auch beim Schneiden der Leitungen der Überzug sich nicht aufwickelt und außerdem von der Umhüllung eine gewisse Zugspannung aufgenommen werden kann. Im Gegensatz dazu besteht die Umspinnung aus einer in eng aneinander liegenden Windungen senkrecht zur Achse der Leitung erfolgenden Umwicklung. Die Umspinnung dreht sich, wenn das Ende des Fadens nicht irgendwie festgehalten wird, leicht auf, hat aber andererseits vor der Umklöpplung den Vorzug, daß die Fäden mit größerer Spannung aufgebracht werden können. In der Herstellung ist die Beklöpplung wegen des größeren Materialaufwandes und des höheren Arbeitslohnes teurer.

Der Baumwolle und dem Hanf gleichwertige Materialien sind Jute, Ramiefaser, Papiergarn und andere Faserstoffe, die imprägnierbar sind, in der mechanischen Festigkeit den genannten Stoffen gleich kommen und auch schleifender oder reibender Beanspruchung genügend Widerstand leisten. Die Imprägnierung soll die Faserstoffe möglichst feuchtigkeitssicher machen und durch konservierende Eigenschaften schützen. Zur Imprägnierung werden in der Regel asphalt- oder teerartige Stoffe verwendet, denen man etwas Ceresin oder Paraffin beifügt, um eine glänzende Oberfläche zu erhalten. Die Farbe der Imprägnierung kann beliebig sein. Eine besondere Klasse stellen die sogenannten wetterfest und säurebeständig imprägnierten Leitungen dar. Die Tränkmasse besteht hierbei in der Regel aus Leinöl und Mennige (zuerst von Hackethal angegeben) oder Leinöl mit anderen Sikkativen vermengt. Im Laufe der letzten Jahre sind eine große Anzahl Spezialleitungen dieser Art auf dem Markte erschienen, die sich indessen in ihren Eigenschaften nur unwesentlich voneinander unterscheiden. Über den Einfluß der Imprägnierung auf die Harzzahl der Gummimischung vergleiche Seite 49.

Gummiaderleitungen sind auch als Mehrfachleitungen zulässig. Die übliche Ausführung ist in diesem Falle die, daß zwei oder drei GA-Leitungen ohne Beklöpplung unverseilt nebeneinander gelegt und dann mit einer gemeinsamen Beklöpplung versehen werden. Eine andere Ausführungsform der Mehrfachleitungen besteht darin, daß zwei fertige GA-Leitungen miteinander verseilt werden, ohne eine gemeinsame Umklöpplung zu erhalten. Eine dritte selten ausgeführte Anordnung ist noch die, daß die Adern unbeklöppelt zu zweien oder dreien verseilt, mit Baumwoll- oder Juteeinlage rund ausgefüllt werden und dann eine gemeinsame Beklöpplung erhalten. Sollen GA-Leitungen besonders biegsam sein, z. B. bei dem bereits erwähnten Fall der Bogenlampenzuleitung und des Fahrstuhlkabels, so muß man beim Aufbau des Kupferleiters über die in der Tabelle geforderte Mindestzahl der Drähte hinausgehen.

9. Die vorgeschriebene Spannungsprüfung ist nicht für jede einzelne Fabrikationslänge obligatorisch. Pflicht des Fabrikanten ist es, durch Stichproben sich davon zu überzeugen, daß die Leitungen so hergestellt sind, daß sie der geforderten Prüfung entsprechen. Die Abnehmer sind berechtigt, an beliebigen Fabrikationslängen zu kontrollieren, ob die Leitungen die vorgeschriebene Probe aushalten können. Die Prüfung soll vor der Verlegung der Leitungen vorgenommen werden. Vorausgesetzt ist ferner, daß der Zeitraum zwischen Fabrikation und Verlegung nicht ein unzulässig langer ist und daß die Leitungen während dieser Zeit sachgemäß aufbewahrt wurden. Prüfungen an einer bereits installiert gewesenen Leitung können nicht als maßgeblich betrachtet werden, weil durch die Verlegungsarbeiten die Leitung verletzt sein kann. Die Prüfung ist stets an der fertigen Leitung vorzunehmen. Diese Bestimmung gilt auch für Mehrfachleitungen. Hier kommt es nicht darauf an, ob etwa die Einzelleitungen der Probe ausgesprochen haben, maßgebend ist vielmehr, daß die Mehrfachleitung als Ganzes der Probe standhalten kann. Die Leitungen sollen vor der Prüfung 24 Stunden unter Wasser liegen, damit, falls Undichtigkeiten oder poröse Stellen vorhanden sind,

genügend Zeit zum Eindringen des Wassers gegeben ist. Als obere Grenze für die Temperatur sind 25 Grad Celsius angesetzt, weil bei zu hoher Temperatur die Durchschlagsfestigkeit des Kautschuks abnimmt. Indessen soll die Temperatur auch nach unten nicht beliebig verringert werden, um von den normalen Verhältnissen nicht zu sehr abzuweichen. Im allgemeinen wird man eine Temperatur von 10°—25° C als richtig anzusehen haben. Bei Einfachleitungen wird die Spannung zwischen Kupferseele und Wasser angelegt. Bei Mehrfachleitungen muß die Prüfung sowohl zwischen den einzelnen Adern wie zwischen den Adern und Wasser vorgenommen werden. Handelt es sich um Dreifachleitungen für Drehstrom, so kann die Prüfung zwischen den Adern in Drehstromschaltung mit 2000 Volt verketteter Spannung stattfinden. Für die zweite Prüfung zwischen den parallelgeschalteten Adern und Erde ist jedoch gleichfalls eine Spannung von 2000 Volt vorgeschrieben. Es genügt hier nicht etwa die Phasenspannung von rund 1200 Volt. Jede einzelne Prüfung soll eine halbe Stunde dauern. Die Prüfung ist als bestanden anzusehen, wenn kein Durchschlag erfolgt ist. Im allgemeinen wird bisher mit Wechselstrom geprüft. Wenn auch für Wechselstrom eine bestimmte Periodenzahl nicht genannt ist, so wird man den üblichen Verhältnissen entsprechend 25—50 Perioden als normal anzusehen haben. Unter dem Ausdruck „Spannung" ist die effektive Spannung zu verstehen.

Da bei der gleichzeitigen Prüfung vieler Fabrikationslängen die Ladeleistung des erforderlichen Wechselstromtransformators ziemlich groß wird, ist die Gleichstromprüfung neu eingeführt worden. Als dem Wechselstrom von 2000 Volt gleichwertige Spannung wurde 2800 Volt gewählt. Auf Grund der mit der Gleichstromprüfung gemachten Erfahrungen wird es späteren Erwägungen vorbehalten bleiben müssen, ob und in welchem Sinne dieser auf Grund vorläufiger Annahmen gewählte Wert zu berichtigen ist. Nach neuerdings veröffentlichten Versuchen von Lichtenstein (ETZ 1914, S. 1021 u. ff.) scheint die verschieden geartete Beanspruchung des Dielektrikums bei beiden Stromarten Einflüsse auszuüben, die unter Umständen besondere Beachtung verdienen. Mit Rücksicht auf die Erscheinungen der sogenannten elektrischen Osmose muß der negative Pol der Stromquelle mit dem Kupferleiter, der positive Pol mit dem Wasser verbunden werden. Bei umgekehrter Schaltung könnten vorhandene Fehler infolge der osmotischen Wirkung des Stromes unentdeckt bleiben. Für die Größe der Stromquelle ist bei der Gleichstromprüfung ein Minimalwert von 2 Kilowatt vorgeschrieben. Diese Forderung erweist sich als notwendig, weil zur Erreichung eines Durchschlages eine gewisse Mindestenergie vorhanden sein muß, um die für die Zerstörung des Isoliermaterials aufzuwendende Arbeit herzugeben und den Kurzschlußstrom zu liefern. Bei der Wechselstromprüfung konnte von einer derartigen Forderung abgesehen werden, weil infolge der Kapazität der Adern der Prüftransformator eine Ladeleistung von gewisser Größe an und für sich schon haben muß, um die verlangte Prüfspannung überhaupt zu erreichen.

10. Die Spezialgummiaderleitung soll eine mechanisch und elektrisch besonders widerstandsfähige Leitung darstellen. Aus diesem Grunde ist die Gummihülle um 0,7—1,0 mm stärker gewählt als bei den normalen GA-Leitungen. Außerdem ist die Vorschrift gegeben, daß die Gummihülle aus mehreren Lagen Gummi hergestellt sein muß. Diese Forderung soll gleichfalls eine erhöhte Sicherheit bewirken, dadurch, daß schwache Stellen in einer Lage durch die andere Lage verdeckt werden. Der besseren Kontrolle wegen empfiehlt es sich, die verschiedenen Lagen verschieden zu färben, etwa bei zwei Lagen ein helle und eine dunkle Gummimischung zu verwenden. Im übrigen sind die Bestimmungen über die Konstruktion der Spezialgummiaderleitungen mit denjenigen der gewöhnlichen Gummiaderleitung identisch. Für die Prüfung ist ausschließlich Wechselstrom zulässig. Eine Gleichstromprüfung wird hier nicht als gleichwertig angesehen, weil die Spezialgummiaderleitungen vorwiegend in Hochspannungsanlagen verwendet und daher auch betriebsmäßig in der Regel durch Wechselstrom beansprucht werden. Die Tabelle über die Prüfspannungen schließt bei einer Betriebsspannung von 20000 Volt. Für höhere Spannungen muß die Festsetzung der Prüfspannungen besonderen Vereinbarungen vorbehalten bleiben.

11. Das Anwendungsgebiet der Rohrdrähte ist auf Niederspannungsanlagen beschränkt. Hier sollen die Rohrdrähte so verlegt werden, daß der Leitungsverlauf stets deutlich erkennbar bleibt, ohne daß es notwendig ist, den Putz oder das Mauerwerk aufzureißen. Zulässig ist das Übertapezieren der auf glatter Wand verlegten Rohrdrahtleitungen, sowie das Verkleiden der Rohrdrähte mit Schutzrohr oder Deckleisten, sobald diese zwecks Kontrolle ohne weiteres entfernbar sind. Unzulässig ist es dagegen, in die Wand einen Kanal zu ritzen, die Rohrdrähte so hereinzulegen, daß ihre obere Kante mit der Wandfläche abschneidet, den Kanal mit Gips auszufüllen und dann so überzutapezieren, daß der Rohrdraht aus der Ebene der Wandfläche nicht heraustritt. Die Bezeichnung „Rohrdraht" ist beschränkt auf solche Leitungen, bei denen der eng anliegende Metallmantel durch einen Falz geschlossen ist. Es sind auch bereits andere Methoden für den Abschluß des Metallmantels bekannt geworden, wie Lötung und Schweißung, indessen sind derartige Drähte bisher auf dem deutschen

Markt in so geringem Umfange verbreitet, daß es zweckmäßig erschien, die Normalien lediglich auf dasjenige Leitungsmaterial zu erstrecken, über dessen Brauchbarkeit zurzeit hinreichende Erfahrungen vorliegen. Der Metallmantel soll aus einem mechanisch widerstandsfähigen Material bestehen; deswegen wurde Blei ausgeschlossen. Vorzugsweise wird Messing oder verbleites Eisen verwendet. Bei der Benutzung des letztgenannten Materials ist besonders Wert darauf zu legen, daß die Verbleiung oder etwaige andere rostschützende Überzüge so zuverlässig und in solcher Stärke aufgebracht sind, daß ein Rosten nach Möglichkeit vermieden wird. Besonders wichtig ist diese Forderung für solche Anlagen, bei denen der Metallmantel des Rohrdrahtes als Rückleitung benutzt wird. Von sonst noch zulässigen Materialien für die Metallmäntel wäre Kupfer und Aluminium für Spezialfälle zu erwähnen. Der Metallmantel soll so biegsam sein, daß er den Beanspruchungen bei der Verlegung, insbesondere der Herstellung von Bogen mit der Rohrzange ohne weiteres standhält, ohne zu brechen.

An Stelle der imprägnierten Umklöpplung der GA-Leitung muß eine gleichwertige isolierende Hülle von mindestens 0,4 mm Wandstärke vorhanden sein. Vorzugsweise wird hierfür Papierumwicklung benutzt. Diese Vorschrift ist eingeführt, damit zwischen Metallmantel und Gummihülle ein mechanisch widerstandsfähiges Polster liegt, das gleichzeitig auch durch seine isolierenden Eigenschaften die elektrische Beanspruchung der Gummihülle verringert, die sonst infolge der Berührung mit der in der Regel mehr oder weniger gut geerdeten Metallhülle sehr viel stärker sein würde, als dies bei gewöhnlichen GA-Leitungen der Fall ist. Der Schutzwert der Zwischenschicht macht sich besonders bei den Biegungen des Rohrdrahtes bemerkbar, an denen früher sehr oft Fehler auftraten.

Rohrdrähte sind nur in den normalen Querschnitten zulässig, die in der Dimensionstabelle aufgeführt sind. Andere Dimensionen können nicht als den Normalien entsprechend bezeichnet werden. Dagegen können Rohrdrähte mit mehr als vier Adern normal hergestellt werden. Man hat indessen davon abgesehen, für derartige selten vorkommenden Spezialleitungen die äußeren Durchmesser festzulegen. Die Dimensionstabelle ist wesentlich deswegen eingefügt, um einheitliche Garnituren für die gebräuchlichen Typen zu erhalten, und eine Auswechselbarkeit der Rohrdrähte verschiedener Herkunft zu ermöglichen. Da indessen durch die Eigenart der Fabrikation eine Genauigkeit auf Bruchteile eines Millimeters sich nicht erzielen läßt, erschien es zweckmäßig, Mindest- und Höchstmasse festzulegen. Die Innehaltung derselben ist durch Lochlehren zu kontrollieren, die die beiden Grenzmaße enthalten. Messungen mit der Schubleere geben ein falsches Urteil, weil der Umfang der

Rohrdrähte häufig etwas elliptisch ist. Die Angabe der Außendurchmesser könnte überflüssig erscheinen, weil die Dimensionen der einzelnen Bestandteile des Rohrdrahtes gleichfalls festgelegt sind, so daß durch Addition derselben der Außendurchmesser eigentlich bestimmt wäre. Es hat sich jedoch nach praktischen Erfahrungen als zweckmäßig erwiesen, den Metallmantel mit einem gewissen Spielraum aufzubringen. Außerdem ist es wichtig, daß der Falz nicht zu stark nach innen eingedrückt wird, damit die Gummiwand nicht unzulässig geschwächt wird. Aus diesem Grunde muß die Messung unbedingt über dem Falz vorgenommen werden.

Für die Strombelastung der Rohrdrähte gilt gleichfalls die Tabelle unter C, I, 1. (Seite 36). Für den Fall indessen, daß der Metallmantel zur Stromleitung benutzt wird, ist infolge der zusätzlichen Erwärmung eine Reduktion der dort gegebenen Zahlen ratsam. Nachstehende Tabelle enthält einige Werte, die auf Grund besonderer Versuche ermittelt sind und die bei Stromrückleitung durch den Mantel nicht überschritten werden sollten.

Tabelle.[1])

	Messingmantel					
Drahtquerschnitt	1	1,5	2,5	4	6	mm²
zuläss. Belastung	11	14	18	22	25	Amp.
Widerstand des Mantels . . .	13	13	10,8	10,8	10	Ohm/km
Drahtquerschnitt	2×1	2×1,5	2×2,5	2×4	2×6	mm²
zuläss. Belastung	11	14	20	23	27	Amp.
Widerstand des Mantels . . .	8,4	8,4	7,4	6,8	6,3	Ohm/km

	Eisenmantel			
Drahtquerschnitt . .	1	1,5	2,5	mm²
zuläss. Belastung . .	10	10	12	Amp.
Widerstand des Mantels	27	27	22	Ohm/km
Drahtquerschnitt . .	2×1	2×1,5	2×2,5	mm²
zuläss. Belastung . .	10	10	13	Amp.
Widerstand des Mantels	18	18	15,4	Ohm/km

Die Prüfung der Rohrdrähte erfolgt in trockenem Zustande, damit durch den Falz keine Feuchtigkeit in das Innere der Leitung dringen kann, die nachher nicht wieder zu entfernen ist. Bei Einfachleitungen hat die Prüfung zwischen Leiter und Metallmantel zu erfolgen,

---

[1]) Versuche hierüber wurden im Laboratorium des Kabelwerks der Allgemeinen Elektrizitäts-Gesellschaft durchgeführt.

bei Mehrfachleitungen sowohl zwischen den Leitern als auch zwischen den Leitern und Metallmantel in der Weise, daß jede Leitung sowohl gegen Erde wie gegen die anderen Leiter eine halbe Stunde lang geprüft wird. Für die Prüfung von Drehstromleitungen gilt das auf Seite 54 gesagte.

Nachdem durch die neuen Errichtungsvorschriften Installationen von Leitungsschnüren auf Rollen nicht mehr gestattet sind, hat die Anwendung der Rohrdrähte als eines außerordentlich bequemen Materials eine große Zunahme erfahren. Besonders in Überlandzentralen finden Rohrdrähte mit Stromrückleitung durch den Mantel steigende Verwendung. Um so mehr schien es geboten, die Konstruktion dieser Leitungsart durch scharf umschriebene Normalien festzulegen.

12. Unter einer Hülle von Metalldrähten ist entweder ein klöppelartiges Geflecht oder eine Umwicklung verstanden, die die Gummiader so eng umgibt, daß ein sicherer mechanischer Schutz gewährleistet ist. Eine offene Drahtspirale mit großer Ganghöhe, bei der also ein erheblicher Teil der Leitung des Metallschutzes entbehrt, ist nicht als Hülle im Sinne der Vorschriften anzusehen. Dagegen ist der Begriff Draht im vorliegenden Falle nicht so eng auszulegen, daß nur ein metallisches Gebilde von rundem Querschnitt anwendbar erscheint. Auch die Umklöpplung oder Umwicklung mit Metallbändern verleiht der Spezialgummiaderleitung den Charakter der Panzerader, wenn das Verhältnis von Breite zu Dicke innerhalb derjenigen Grenze bleibt, die eine genügende Biegsamkeit gewährleistet. Denn gerade die letzte Eigenschaft soll für die Panzeradern charakteristisch sein, weil sie eine Art der bewehrten Leitung darstellt, die mit kleinen Krümmungsradien verlegbar sein soll; bildet doch eines ihrer hauptsächlichsten Anwendungsgebiete die Verwendung in Krananlagen, wo besonders häufig scharfe Biegungen auftreten. Da Panzeradern sehr häufig im Freien verlegt werden, ist eine wichtige Bestimmung die, daß die Metallhülle hinreichend gegen Rosten geschützt sein soll. Wird Eisen verwendet, so ist es stets mit einem nichtrostenden Metall, wie Zink, Zinn oder Blei, zu überziehen, oder aber mit einem vollständig festhaftenden Schutzanstrich zu bedecken. Die Hülle kann auch aus anderen Metallen, wie Kupfer, Bronze, Messing, Aluminium, bestehen, indessen ist stets die Forderung zu beachten, daß sie hinreichende mechanische Festigkeit und Biegsamkeit besitzt. Mehrfachleitungen sind entweder durch Verseilung einzelner Panzeradern herzustellen oder aber die nicht armierten Adern werden durch Beilegung von Füllmaterial gerundet und mit einer gemeinsamen Metallhülle versehen.

Die Schutzhülle, die als Ersatz für die imprägnierte Umklöpplung zugelassen ist, soll so beschaffen sein, daß sie gegen das Durchstechen abgerissener Drähte Schutz bietet. Es genügt somit nicht etwa eine einfache Papierumwicklung, die Schutzhülle soll vielmehr etwa die gleiche Dicke besitzen, die die imprägnierte Beklöpplung gehabt hätte. Eine Umwicklung mit starkem Isolierband oder mit mehreren Lagen fasrigen widerstandsfähigen Papiers oder auch eine Plattierung mit Jute ist als gleichwertige Umhüllung anzusehen.

Für die Prüfung der Panzeradern sind 4000 Volt vorgesehen, um den erhöhten Sicherheitsgrad, den die Verwendung der Panzeradern bieten soll, auch durch die verschärfte Prüfung zum Ausdruck zu bringen. Aus den gleichen Gründen, die bei Rohrdraht angeführt sind, soll auch die Prüfung der Panzeradern in trockenem Zustande erfolgen. Über die Prüfung der Mehrfachpanzeradern ist eine ähnliche Bestimmung wie bei dem Rohrdraht nicht ausdrücklich gegeben, indessen muß sinngemäß die dort gegebene Vorschrift auch auf die Prüfung der Panzeradern übertragen werden. Es hat somit bei Mehrfachpanzeradern eine Prüfung sowohl zwischen den Leitern wie zwischen dessen Zwischenleiter und Metallmantel zu erfolgen. Die Prüfung muß mit Wechselstrom ausgeführt werden.

13. Die Fassungsader darf nur zur Installation im Innern oder direkt an den Außenteilen des Beleuchtungskörpers in Niederspannungsanlagen benutzt werden. Ein Herausführen aus dem Beleuchtungskörper bis zum Steckkontakt ist nach § 18 der Errichtungsvorschriften unzulässig. Für den Aufbau der Fassungsadern war die Forderung der Beleuchtungskörperfabrikanten maßgebend, mit Rücksicht auf eine zierliche Formgebung und künstlerische Ausgestaltung der Beleuchtungskörper, die äußeren Dimensionen der Fassungsadern nach Möglichkeit zu beschränken. Aus diesem Grunde ist der sonst an keiner anderen Stelle der Normalien zugelassene Querschnitt von 0,5 mm^2 ausnahmsweise erlaubt. Für Beleuchtungskörper mit größeren Lampenzahlen ist der Querschnitt von 0,75 mm^2 vorgesehen. Andere Querschnitte dürfen in der Konstruktion der Fassungsadern unter keinen Umständen hergestellt werden. Es sind früher wiederholt Fassungsadern von 1 mm^2, sogar selbst 1,5 mm^2, unter der Bezeichnung „Kronendraht" auf dem Markte erschienen. Derartige Drähte müssen als unzulässig bezeichnet werden, weil die Gefahr einer Verwechselung mit GA-Leitungen besteht. Besonderer Wert war auf die Biegsamkeit der Fassungsadern zu legen. Deswegen ist bei vieldrähtigen Leitern der Durchmesser der Einzeldrähte auf 0,13 mm beschränkt. Die Verseilung der Litze aus diesen feinen Drähten soll außerdem mit einem so geringen Drall erfolgen, daß die Litze einen festen Zusammenschluß erhält und die einzelnen Drähte aus ihrer Oberfläche nicht heraustreten können. Diese Forderung muß besonders

deswegen gestellt werden, weil eine Baumwollumspinnung auch bei der Fassungsader mit mehrdrähtigem Leiter nicht vorgesehen ist. Man hat sie im Gegensatz zu den Gummiaderschnüren fortgelassen, um den äußeren Durchmesser möglichst gering zu halten. Die 0,6 mm starke Gummihülle umschließt also unmittelbar die Kupferseele. Abweichend von der GA-Leitung fällt bei der Fassungsader auch das gummierte Band über der Gummihülle fort. Unmittelbar über dem Gummi folgt vielmehr die Umklöpplung. Die Fassungsadern können in beliebiger Zahl miteinander verseilt sein, dagegen ist bei nichtverseilter Anordnung nur die gemeinsame Umklöpplung von zwei nackten, einfachen Fassungsadern zulässig. Mehr als zwei Fassungsadern unverseilt nebeneinander angeordnet dürfen nicht gemeinsam umklöppelt werden.

Mit Rücksicht auf die geringe Wandstärke ist bei der Fassungsader eine Prüfung in trockenem Zustande mit 1000 Volt Wechselstrom als ausreichend erachtet. An Stelle der zur Prüfung einfacher Fassungsadern gegebenen Vorschrift kann auch so verfahren werden, daß man eine einfache Fassungsader um einen Metallzylinder von mindestens 50 mm Durchmesser wickelt und die Prüfung gegen diesen vornimmt. Bei Fassungsdoppeladern werden die zwei Adern gegeneinander geprüft, bei mehrfach verseilten Fassungsadern jede Ader gegen die übrigen.

Das fortwährende Drängen der Beleuchtungskörperfabrikanten nach dünnen Fassungsadern führte dazu, daß man in früheren Normalien die Gummiwandstärke bis auf 0,4 mm verringerte. Vielfache Kurzschlüsse an Beleuchtungskörpern und dadurch hervorgerufene unangenehme Betriebsstörungen in zahlreichen Elektrizitätswerken waren die Folge. Es ist zu berücksichtigen, daß gerade die Fassungsader beim Einziehen in die Beleuchtungskörper durch ein mit elektrischen Installationsarbeiten wenig geschultes Personal ganz besonderer Gefährdung ausgesetzt ist. Die dringend notwendige Sicherung der elektrischen Anlagen verlangte daher für die Bauart der Fassungsadern unbedingt die jetzt eingeführten verschärften Vorschriften.

14. Pendelschnüre sind ausschließlich mit einem Kupferquerschnitt von 0,75 mm^2 gestattet. Mit Rücksicht auf die besonderen Anforderungen, die an die Biegsamkeit dieser Schnüre zu stellen sind, muß die Kupferseele aus einer Litze bestehen, deren Einzeldrähte höchstens 0,2 mm stark sind. Diese Drähte sind zweckentsprechend zu verseilen. Darunter ist verstanden, daß bei normaler konzentrischer Anordnung der Drähte der Drall in den einzelnen Lagen so gering gewählt wird, daß die Litze fest zusammenhält und genügend biegsam bleibt.

Eine in bezug auf Biegsamkeit noch zweckmäßigere Form der Verseilung ergibt sich, wenn mehrschenklige Litzen verwendet werden.

Die Baumwollumspinnung der Kupferseele soll den Zweck haben, die Drähte zusammenzuhalten und ein Ausspringen derselben aus der Oberfläche der Litze zu verhindern. Ein wichtiges Organ der Pendelschnur bildet das Tragseil, das den Zweck zu erfüllen hat, den durch die Installation des Beleuchtungskörpers auf die Schnur ausgeübten Zug aufzunehmen. Die verschiedenen Möglichkeiten für die Ausführung und Anordnung der Tragschnur führen zu den verschiedensten Modifikationen in der Bauart der Pendelschnur. Entweder wird nur eine einzige Tragschnur vorgesehen und diese als dritte Ader mit den beiden Gummiadern verseilt. Durch Beigabe von Füllmaterial ist das Gebilde dann rund zu machen und mit einer gemeinsamen Umklöpplung zu umgeben. Bei der Zerlegung der Tragschnur in zwei Teile ergibt sich eine bessere Verteilung der Zugspannung. Wenn die Tragschnur aus Hanf oder einem ähnlichen Fasermaterial besteht, so muß sie eine hinreichende Festigkeit erhalten. Zahlenmäßige Angaben sind darüber nicht gegeben.

Wird das Tragseil aus Metall hergestellt, so ist eine Polsterung desselben durch Umspinnen oder Umklöppeln mit einem Fasermaterial vorgeschrieben, um zu verhindern, daß das metallene Tragseil bei der Verseilung oder bei der Zugspannung durch den Beleuchtungskörper sich in die Gummihülle hereindrückt. Wenn die gemeinsame Umklöpplung der Schnur fortfällt, so müssen nicht nur die Gummiadern, sondern auch die Tragschnur, auch wenn sie aus einem Fasermaterial besteht, eine Umklöpplung besitzen. In diesem Falle wird zweckmäßig die Tragschnur so stark gewählt, daß der äußere Durchmesser der umklöppelten Schnur derjenigen der Gummiader gleich ist. Für den Aufbau des metallischen Tragseilchens gelten sinngemäß dieselben Bestimmungen wie für die Kupferseele der Gummiadern. Auch das Tragseilchen muß somit aus Drähten von höchstens 0,2 mm Durchmesser bestehen, die zweckentsprechend verseilt sind. Die Benutzung eines besonders steifen Metalles, wie etwa Stahl, ist unzulässig. Bei der ganzen Konstruktion der Pendelschnur ist besonderer Wert auf Biegsamkeit zu legen, worauf der vorgesehene Biegeversuch ja schon hinweist. Bei diesem Versuch darf weder Gummihülle, Umklöpplung oder Tragseil brechen, noch darf etwa das Tragseilchen so starr sein, daß Veränderungen in der Schnur auftreten. Die elektrische Prüfung der Pendelschnüre hat an Fabrikationslängen durch Anlegen der Spannung zwischen den Adern zu erfolgen. Ist ein metallisches Tragseilchen vorgesehen, so muß die Prüfung auch zwischen jeder Ader und dem Tragseilchen vorgenommen werden.

Die Normalien beziehen sich ausschließlich auf Pendelschnüre mit zwei Leitern. Zuweilen kommen Einleiter-Pendelschnüre auf den Markt. Dieselben sind nicht als Normalleitungen aufzufassen. Die Zulassung derartiger Leitungen wäre deshalb bedenklich, weil sie mißbräuchlich an Stelle der Gummiaderleitungen oder zum Anschluß transportabler Stromverbraucher verwendet werden könnten. Zudem widerspricht die Ausführung mit einem Leiter dem Zweck der Pendelschnur.

15. Die Bedeutung und zunehmende Verbreitung, die die ortsveränderlichen Stromverbraucher in neuerer Zeit gewonnen haben, rechtfertigte es, die für ihren Anschluß zulässigen und notwendigen Leitungsarten in einem besonderen Abschnitt der Normalien zusammenzufassen. Die verschiedenartigen äußeren Bedingungen, unter denen ortsveränderliche Maschinen und Apparate verwendet werden, zwang auch dazu, neben den bisher benutzten Leitungen neue Arten zu schaffen, zumal auf dem Gebiete der transportablen Stromzuleitungen erhebliche Mißstände zutage getreten waren, und die Verwendung unzweckmäßiger Leitungen häufig zu schweren Unfällen Anlaß gegeben hatte. Zur besseren Einprägung hat jede Leitung einen charakteristischen Namen erhalten, der auf ihr eigentliches Anwenddngsgebiet hinweisen soll. Handapparate, Heizapparate und ortsveränderliche Motoren werden besonders häufig von Laien bedient, so daß für den der mechanischen Beanspruchung in erster Linie ausgesetzten Bestandteil, die Zuleitung, Konstruktionen von erprobter Zuverlässigkeit und höchstem Sicherheitsgrade gerade gut genug schienen. Die dadurch bedingte Verteuerung zahlreicher Leitungen muß um so mehr als unerheblich angesehen werden, als in der Regel nur kurze Stücke in Betracht kommen, und deren Preis gegenüber den Kosten des Stromverbrauchers selbst kaum ins Gewicht fällt. Nur allzulange ist die Leitung von den Konstrukteuren als Stiefkind behandelt worden. Die Erkenntnis, daß Fehler und Unfälle durch unzweckmäßige Zuleitungen vom nichtsachverständigen Verbraucher mit auf das Konto des elektrischen Apparates gesetzt werden und diesen in Mißkredit bringen, sollte Fabrikanten und Elektrizitätswerken Veranlassung geben, der genauen Innehaltung der Normalien strengste Beachtung zu schenken. Da ein großer Teil der ortsveränderlichen Stromverbraucher nur in Niederspannungsanlagen anwendbar und zulässig ist, wurde dieser Spannungsbereich durch dreifache Unterteilung je nach der Beschaffenheit des Verbrauchsortes und der dadurch bedingten verschiedenartigen mechanischen und elektrischen Beanspruchung besonders ausführlich behandelt.

16. Die Zimmerschnüre, deren Bauart derjenigen der normalen Gummiaderschnüre nach den früheren Normalien entspricht, stellen die leichteste Konstruktion der beweglichen Leitungen dar. Sie sind in Küchen, feuchten Kellern, Baderäumen nicht zulässig. Aber auch in trockenen Wohnräumen darf die Schnur nur geringen mechanischen Beanspruchungen ausgesetzt sein. Fahrbare Staubsauger z. B., deren Zuleitungen über den Boden geschleift und namentlich bei größeren Längen nicht selten stark gezerrt werden, sind nicht mit Zimmerschnüren anzuschließen. Der Querschnitt der SA-Schnüre würde auf die zwei Größen 1 mm^2 und 1,5 mm^2 beschränkt, weil Apparate, die in dem den Zimmerschnüren vorbehaltenen Verwendungsbereich benutzt werden, ausnahmslos keinen Stromverbrauch haben, der stärkere Querschnitte notwendig macht. Um Zweifel auszuschließen, ist zu betonen, daß SA-Schnüre mit Querschnitten über 1,5 mm^2 nicht den Normalien entsprechen. Die Verwendung von Drähten mit weniger als 0,25 mm Durchmesser in der Litze ist gestattet; je geringer der Durchmesser der Drähte ist, um so biegsamer wird naturgemäß die ganze Schnur. Für bestimmte Zwecke, z. B. zum Anschluß beweglicher Bühnenbeleuchtungskörper in Theaterinstallationen darf nach EV § 39 e 1 die Kupferlitze nur aus Drähten von höchstens 0,2 mm Durchmesser bestehen. Die Drähte müssen außerdem zweckentsprechend miteinander verseilt sein. Damit ist auch hier wieder gemeint, daß durch Wahl eines nicht zu langen Dralls und durch passende Anordnung der Drähte die Litze einen festen Zusammenschluß und hinreichende Biegsamkeit erhält. Wird der Drall zu lang, so drehen sich bei Biegungen die Drähte auseinander, außerdem wird das Seilchen steif. Anderseits bedingt ein kurzer Drall mehr Materialaufwand und höhere Arbeitslöhne für das Verseilen. Den Zusammenhalt der Drähte auch ohne allzustarke Drallverkürzung soll die Baumwollumspinnung unterstützen. Ohne deren Zugabe dürfte der Drall der Litzen nicht mehr als das 12—15fache ihres äußeren Durchmessers sein. Die Umspinnung gestattet, den Drall auf etwa das Doppelte dieses Wertes heraufzusetzen. Darüber sollte auf keinen Fall gegangen werden. Die Verseilung geschieht in der Regel in der Weise, daß ein oder mehrere Drähte in der Mitte liegen und darum sich die weiteren Lagen konzentrisch gruppieren. Bessere Biegsamkeit gibt die mehrschenklige Verseilung, bei der der zu bildende Querschnitt unterteilt wird und die Teillitzen ihrerseits wieder miteinander verseilt werden.

Ob es zweckmäßig ist, den Kompromiß zwischen langem und kurzem Drall grade durch die Umspinnung herzustellen, ist eine umstrittene Frage, da grade die feinen hygroskopischen Fasern der Baumwolle häufig während des Aufbringens der Gummischicht diese durchdringen und infolge Dochtwirkung nachher die Isolation verschlechtern. Allerdings erfüllt die Baumwollumspinnung auch noch den weiteren Zweck, das verzinnte Kupfer gegen chemische Angriffe durch den im Gummi enthaltenen Schwefel zu schützen, wenn auch die Erhaltung der silberweißen Farbe der Litze mehr eine Frage äußeren Ansehens als technischer Notwendigkeit bildet.

Die Gummihülle erhält eine Wandstärke von mindestens 0,8 mm. Unterschiedlich von der Bauart der Gummiaderleitung erhalten die Schnüre unmittelbar über der Gummihülle nicht eine Bedeckung mit gummiertem Band, sondern eine Schutzumhüllung aus einem Fasermaterial. Ausdrücklich benannt sind Garne, Seide, Baumwolle, womit wohl die Zahl der möglichen Stoffe auch erschöpft ist. Allenfalls kämen in Spezialfällen noch Hanf oder Jute in Betracht. Die Abweichung gegenüber den Gummiaderleitungen ist dadurch bedingt, daß man den Schnüren eine möglichst große Biegsamkeit erhalten wollte, die durch eine Bandbedeckung aufgehoben würde. Mit Rücksicht darauf wäre bei Schnüren auch eine Papierumwicklung unzulässig, obwohl dieselbe dem Wortlaut des Textes nach einen Schutz aus Fasermaterial darstellen würde. Die Schutzhülle muß Biegungen einen möglichst geringen Widerstand entgegensetzen und gleichzeitig ein Polster bilden, um mechanische Einwirkungen auf den Gummi abzuschwächen.

Bei Einleiterschnüren oder Mehrfachschnüren, die durch Verseilung mehrerer Einleiterschnüre gebildet sind, muß jede einzelne Ader unmittelbar über dem Gummi eine Umklöpplung erhalten. Diese Vorschrift ist deshalb erlassen, weil die Umklöpplung ganz besonders befähigt ist, Zugbeanspruchungen aufzunehmen und äußeren mechanischen Einwirkungen zu widerstehen. Bei anderen Bauarten der Mehrfachschnüre werden in der Regel Umspinnungen oder Plattierungen unmittelbar über der Gummihülle angeordnet. Ovale Mehrfachschnüre werden in der Weise dadurch hergestellt, daß die einzelnen Schnüre unverseilt nebeneinander gelegt und dann mit gemeinsamer Umklöpplung umgeben werden; hierbei muß jede Einleiterschnur außerdem eine Schutzhülle aus Fasermaterial erhalten. Dasselbe gilt für runde Mehrfachschnüre. Bei dieser Bauart werden die Einzelschnüre miteinander verseilt, gleichzeitig wird aber in die bei der Verseilung sich bildenden Zwischenräume soviel Füllmaterial eingelegt, daß ein runder Querschnitt entsteht, über den die Umklöpplung gelegt wird. Als Füllmaterial dient in der Regel Baumwolle. Bei gewissen Spezialkonstruktionen kann es erwünscht scheinen, unter der Umklöpplung noch einen besonderen Schutz anzubringen. Derartigen Ausführungen steht dann nichts im Wege, wenn eine genügende Biegsamkeit der ganzen Leitung gewahrt bleibt. Zulässig ist es ferner unter der gleichen Voraussetzung, über der Baumwollklöpplung der Zimmerschnüre eine weitere Schutzhülle, etwa aus Segeltuch oder Leder anzubringen. Leitungen dieser Bauart sind nach EV § 36c zum Anschluß ortsveränderlicher Stromverbraucher in Schaufenstern, Warenhäusern und ähnlichen Räumen vorgeschrieben.

17. Drei wichtige Punkte sind in den Normalien über Gummiaderschnüre unerwähnt geblieben, Traglitzen, Erdungsleiter und Metallbewehrung.

Die Notwendigkeit, Traglitzen einzulegen, kann sich für solche Anwendungen ergeben, wo die mechanische Festigkeit der Umklöpplung allein nicht ausreicht, die auftretenden Zugbeanspruchungen aufzunehmen. Solche Leitungen bestehen in der Regel aus zwei oder mehreren SA-Schnüren, die um eine Tragschnur aus Hanf oder Stahl verseilt und dann gemeinsam umklöppelt sind. Die Frage, ob derartige Traglitzen in SA-Schnüren zulässig sind, kann unbedenklich bejaht werden. Denn in der Pendelschnur ist eine Leitung mit Tragseilen normalisiert, deren Isolierung schwächer ist als die der SA-Schnur. Selbstverständlich müssen aber an die Ausführungen und Anordnungen der Tragschnüre in SA-Leitungen mindestens die gleichen Anforderungen gestellt werden, die für Pendelschnüre vorgeschrieben sind.

Bestimmungen über Erdungsleiter fehlen bei den SA-Schnüren gleichfalls. Sie sind hier fortgeblieben in der Annahme, daß in solchen Fällen, wo die Erdung angeschlossener Apparate mittels besonderer Leitungen notwendig ist, besser die Schnüre mit mechanisch widerstandsfähigerer Umhüllung verwendet werden. Es entspricht daher dem Sinne der Normalien, daß in SA-Schnüren Erdungsleiter nicht zuzulassen sind, weil der Einbau dieses Zusatzgliedes dem Charakter der SA-Leitung als einer besonders leicht beweglichen Schnur für geringe mechanische Beanspruchung nicht entspricht.

Auch die Anordnung einer zusätzlichen Metallbewehrung über der Faserstoffumklöpplung der SA-Schnüre, die in einigen bisher auf den Markt befindlichen Konstruktionen anzutreffen ist, widerspricht den Normalien. Bei der Bauart der Schnüre ist überall der Grundsatz durchgeführt, metallische Umhüllungen nur dort zuzulassen, wo die Isolierung der Adern die Vorschriften über Spezialgummiaderleitungen erfüllt. Die größere elektrische Beanspruchung, die das Isoliermaterial in einer allseitig vom Metall umhüllten Leitung erfährt, rechtfertigt diesen Standpunkt bei leicht bewegbaren Schnüren um so mehr, als durch die hinzutretenden mechanischen Angriffe Verletzungen der Isolierung möglich sind, wodurch die Metallhülle unter Spannung gesetzt werden könnte. Wenn die Bewehrung dann nicht geerdet ist, was in dem Anwendungsbereich der Zimmerschnüre nur in seltenen Fällen möglich sein dürfte, kann die Metallhülle mehr Gefahr verursachen, als sie durch mechanischen Schutz Nutzen stiftet.

18. Der angeführte Verwendungsbereich soll nur typische Fälle bezeichnen und ist nicht erschöpfend. Räume ähnlicher Beschaffenheit, z. B. nicht ganz trockene Keller, gehören gleichfalls dazu. Werden Leitungen ganz oder teilweise über Höfe gelegt, ohne daß besonders hohe mechanische Beanspruchung stattfindet, auch in landwirtschaftlichen Anlagen, so ist die Benutzung der Werkstattschnüre gleichfalls gegeben. Als ortsveränderliche Leitungen in Bergwerken unter Tage sowie in Betriebsstätten sind mindestens Werkstattschnüre zu verwenden (EV § 21).

Die Beschränkung des Querschnittes auf 16 mm^2 schien geboten, um die Verwendung dieser Schnüre für allzugroße Stromverbraucher auszuschließen, da den hierbei gewöhnlich auftretenden gesteigerten mechanischen Beanspruchungen der Aufbau der Werkstattschnüre nicht mehr genügt. Reicht der höchstzulässige Querschnitt nicht mehr aus, so müssen Leitungstrossen angewendet werden.

Mit Rücksicht auf die eine größere Steifheit bedingende Bauart sind die auf Seite 63 gemachten Ausführungen über den Drall und die Verseilung ganz besonders zu beachten. Bis 6 mm^2 einschließlich dürfen die Einzeldrähte höchstens 0,25 mm stark sein. Für 10 mm^2 und 16 mm^2 sind stärkere Einzeldrähte zugelassen, weil bei Verwendung von 0,25 mm dicken Drähten die Litze aus einer übermäßig großen Anzahl von Einzeldrähten zusammengesetzt sein würde, wodurch der Preis des Fabrikates verteuert wird.

Der über der Gummihülle angebrachte mechanische Schutz muß bei den Werkstattschnüren aus gummiertem Band bestehen. Eine anderweitige Ausführung, z. B. Umspinnung, wie bei Zimmerschnüren, ist nicht gestattet. Bei Verseilung mehrerer Adern zu einer Mehrfachschnur muß der entstehende Querschnitt durch Ausfüllung der bei der Verseilung sich bildenden Zwischenräume rund gemacht werden. Die Verseilung zweier einzelner Schnüre ohne Beigabe von Ausfüllmaterial ist nicht erlaubt. Als Ausfüllmaterial sind Baumwolle, Jute oder ähnliche Faserstoffe zu verwenden. Die Vorschrift der runden Verseilung soll den Adern eine größere Stabilität und geschlossene Form verleihen. Die über den verseilten Adern anzubringende Beklöpplung muß dicht sein. Dieser Zusatz, der bei den Vorschriften über Zimmerschnüre fehlt, bedeutet, daß die einzelnen Maschen der Umklöpplung so eng aneinander schließen müssen, daß die Beklöpplung ein undurchsichtiges und lückenloses Gewebe bildet. Durch diese Vorschrift wird einerseits der Schutz gegen etwaiges Durchstechen der Gummihülle, anderseits die Widerstandsfähigkeit der Beklöpplung gegen Zugbeanspruchung erhöht. Die zusätzliche Beklöpplung hat außer der Unterstützung der ersten Beklöpplung die weitere Aufgabe, die Leitung gegen Abscheuern und alle Beanspruchungen, die durch Hin- und Herschleifen auf dem Erdboden erfolgen könnte, zu schützen. Da hierfür ein besonders widerstandsfähiges Material vorgeschrieben ist, genügt nicht etwa eine zweite Baumwollbeklöpplung nach Art der ersten, sondern es ist unbedingt ein stärkeres und festeres Material zu benutzen. In Frage kommen neben Hanfkordel Papiergespinst, Lederstreifen oder besonders widerstandsfähiges Baumwollgarn. Falls die Beklöpplung aus Faserstoff besteht, ist Imprägnierung zulässig. Hanfkordel wird z. B. mit Vorliebe geteert, um sie zu konservieren, erforderlich ist diese Behandlung indessen nicht. Für Spezialzwecke, z. B. zum Anschluß von Handlampen in Betriebsstätten und Lagerräumen mit ätzenden Dünsten (EV § 33), erweist es sich als zweckmäßig, die zweite Umklöpplung aus einem Faserstoff herzustellen, der nach Art der säurebeständigen Leitungen mit einer gegen chemische Einflüsse schützenden Hülle imprägniert ist. Wird der durch die beiden Umklöpplungen gewährte Schutz nicht für ausreichend erachtet, so können noch besondere Schutzmaßnahmen getroffen werden, z. B. für gewisse Zwecke das Umnähen der ganzen Leitung mit Leder oder Segeltuch. Unzulässig dagegen ist es, aus den bereits auf Seite 65 angeführten Gründen die zweite Umklöpplung aus Metall zu machen oder über der zweiten Umklöpplung eine Metallbewehrung anzubringen.

19. Im Hinblick darauf, daß die Werkstattschnüre in Räumen benutzt werden, die erhöhte Gefahren bei Schadhaftwerden der Leitung mit sich bringen, ist die Einlegung von Erdungsleitern vorgesehen. Der Erdungsleiter kann entweder aus einem einzigen Seil bestehen, oder aus zwei bis drei Seilen, die in geeigneter Weise mit den spannungführenden Adern zusammen verseilt sind. Zweck des Erdungsleiters ist es, metallische Teile der anzuschließenden Apparate sicher zu erden. Daneben kommt als weiterer Nutzen in Betracht, daß ein Fehler, der sich an der Gummiisolierung einer Ader ausbildet, infolge der Nähe des Erdungsleiters mit größerer Wahrscheinlichkeit zu einem Erdschluß führt als ohne denselben. Schleichende Fehler werden daher durch die Beigabe des Erdungsleiters leichter ausgemerzt. Unrichtig ist es indessen, den Erdungsleiter als Sicherheitsfaktor dagegen anzusehen, daß beim Berühren der defekt gewordenen Leitung Unfälle vermieden werden. Das ist schon aus dem Grunde bei der hier beschriebenen Anordnung nicht möglich, weil der Erdungsleiter die Schnur nicht auf ihrem ganzen Umfange umhüllt. Ein Erdungsleiter erfüllt selbstverständlich nur dann seinen Zweck, wenn am Steckkontakt selbst die Erdung völlig einwandfrei vorgenommen werden kann. Die Querschnitte des Erdungsleiters sind besonders bei Adern geringeren Kupferquerschnittes mit Rücksicht auf mechanische

Beanspruchung reichlich genug dimensioniert, so daß ein Zerreißen der Erdleitung nach Möglichkeit verhindert wird. Der nach EV § 3 Abs. 5 festgesetzte Mindestquerschnitt von 4 mm² für Erdungsleiter konnte bei den Schnüren nicht innegehalten werden, da es an sich unlogisch und auch aus konstruktiven Gründen unmöglich wäre, den Erdungsleiter um ein Vielfaches stärker als den zugeordneten Nutzleiter zu machen.

20. Spezialschnüre stellen die mechanisch und elektrisch am höchsten zu bewertenden Schnüre für Niederspannungsanlagen dar. Sie sind für sehr feuchte Betriebe bestimmt und können auch im Freien benutzt werden.

Für die Bauart der Spezialschnüre sind zwei Abarten SGK und SK zugelassen. Charakteristisch für die Bauart SGK ist die nochmalige Gummiumpressung der verseilten Adern. Dadurch wird erreicht, daß die Leitung in ihrem ganzen Inhalt aus völlig unhygroskopischem Material besteht. Wenn auch die zusätzliche Gummiumpressung elektrisch weniger stark beansprucht wird als die eigentliche Isolierhülle, erschien es doch zweckmäßig, die Vorschriften über die Zusammensetzung der Isolierhülle auch auf sie anzuwenden, weil bei Benutzung eines minderwertigen Gummis leicht Brüchigkeit und Verhärtung der Zusatzhülle eintreten könnte, wodurch deren Wert hinfällig würde. Anderseits erschien es auch wenig zweckmäßig, neben dem Normalgummi andere Gummimischungen überhaupt in den Vorschriften zuzulassen. Wo in den Normalien und Vorschriften des Verbandes Deutscher Elektrotechniker von Gummi die Rede ist, soll eben ein für allemal nur Normalgummi anwendbar sein. Die Erhöhung des Preises erschien unbedenklich, weil gerade bei den schwierigen Betriebsverhältnissen, denen die Spezialschnüre gerecht werden sollen, die Betriebssicherheit und Gefahrlosigkeit allen anderen Fragen vorangeht.

Die Einführung der Bauart SK rechtfertigte sich, weil die Isolierhülle der Spezialgummiaderleitungen bereits solche Sicherheit bietet, daß man unbedenklich auf die zusätzliche Gummihülle verzichten konnte. Allerdings haftet der Bauart SK der Nachteil an, daß zur Abrundung der verseilten Adern hygroskopische Füllmittel verwendet werden, so daß diese Bauart der Spezialschnur nicht als durchweg feuchtigkeitssicher zu bezeichnen ist.

Der Ersatz der zweiten Beklöpplung durch eine gut biegsame Metallbewehrung ist vorgesehen, damit den Ansprüchen eines erhöhten mechanischen Schutzes gegebenenfalls genügt werden kann. Eine Beklöpplung aus Drähten ist nicht zulässig, weil die feinen Beklöpplungsdrähte bei starken Beanspruchungen zerreißen und die Gummihülle durchbohren könnten. Drahtbeklöpplungen bei Leitungen zum Anschluß ortsveränderlicher Stromverbraucher sind aus diesem Grunde in jedem Falle als unvollkommen und technisch minderwertig anzusehen. Anwendbar sind spiralige Umwicklungen mit Metallbändern, die zweckmäßig hohl gewölbt oder sonst in geeigneter Weise profiliert sind, etwa wie die bekannten Metallschläuche oder die Bewehrung der sogenannten Bandpanzerleitungen. Selbstverständlich darf die Dicke der Metallbänder einen gewissen oberen Wert nicht überschreiten, damit die Leitung nicht zu unhandlich und steif wird und somit die wichtigste Eigenschaft, die genügende Biegsamkeit, verliert.

Der auf Seite 65 ausgesprochene Grundsatz, daß man Metallbewehrungen grundsätzlich nur bei Spezialgummiaderisolierung zuläßt, ist allerdings bei der Bauart SGK durchbrochen, indessen übertrifft hier die Gesamtdicke der Isolierhülle durch die zusätzliche Gummiumpressung sogar die Wandstärke der Spezialgummiaderisolation, so daß sinngemäß Bedenken gegen die Zulässigkeit der Metallhülle nicht auftreten konnten.

Auch bei den Bestimmungen über den Erdungsleiter war der Gedanke maßgebend, einen möglichst vollkommenen Schutzwert zu erzielen. Deswegen ist neben einem litzenförmigen Erdungsleiter die Anordnung in Form eines die Leitung völlig umgebenden Geflechtes oder einer Umwicklung erlaubt. Dadurch soll auch beim Auftreten von Isolationsfehlern eine völlige Abschirmung erzielt werden. Das Geflecht wird zweckmäßig nicht aus Drähten, sondern aus dünnen schmalen Bändern gebildet werden. Gegen die Verwendung von Drähten spricht das oben Gesagte. Wird eine Metallumwicklung gewählt, so soll das Metallband so dünn sein, daß eine große Biegsamkeit vorhanden ist, aber noch hinreichende mechanische Festigkeit gewahrt bleibt. Bei der Umwicklung ist Überlappung nicht unbedingt vorgeschrieben, sie ist aber zu empfehlen, damit eine völlige Abschirmung erreicht wird. Der Erdungsleiter muß aus verzinntem Kupfer bestehen. Die Feststellung seines Gesamtquerschnittes ist im Zweifelsfalle durch eine Widerstandsmessung zu ermitteln, da besonders bei Geflechten die Berechnung aus den einzelnen Bändern Schwierigkeiten bietet.

21. Nachdem Gummiaderleitungen, Spezialgummiaderleitungen und Panzeradern nur noch für feste Verlegung zulässig sind, fehlte es an einem Leitungsmaterial zum Anschluß ortsveränderlicher Stromverbraucher für Hochspannung. Diesem Bedürfnis kommt die Einführung der Hochspannungsschnüre entgegen. Bei der Konstruktionsvorschrift war entscheidend, daß auch bei diesen Schnüren die Forderung äußerster Betriebssicherheit durchaus hinter die Kostenfrage zurückzutreten habe. Da nach den Errichtungsvorschriften ortsveränderliche Stromverbraucher über 1000 Volt Spannung nicht anwendbar sind, schien es genügend, auch die Hochspannungsschnüre nur bis zu dieser Grenze als zulässig zu normalisieren. Im übrigen sind die Hochspannungsschnüre mit der Type SGK der Spezialschnüre identisch, mit dem Unterschiede, daß die Gummihülle der einzelnen Adern in Bauart und Dicke den Spezialgummiaderleitungen entspricht.

Die Prüfungsvorschrift ist so zu verstehen, daß die Prüfung sowohl zwischen den Adern als auch zwischen jeder Ader und Erde zu erfolgen hat. Sie soll an der fertigen Schnur vorgenommen werden. Es genügt nicht, wenn lediglich die einzelnen Adern für sich vorher geprüft werden. Wenn auch bei metallbewehrten Schnüren die Prüfung unter Wasser nicht durchaus notwendig erscheint, so ist sie doch der Vorschrift nach bei diesen Schnüren anzuwenden, zumal sie eine etwas schärfere Beanspruchung mit sich bringt als die trockene Prüfung gegen die Metallhülle.

22. Die Bezeichnung „Leitungstrossen"[1] ist an Stelle der früheren Überschrift „Bewegliche Leitungen" getreten, weil diese Bezeichnung dem speziellen Anwendungszweck der von ihr charakterisierten Gruppe zu wenig angepaßt erschien. Auch die übrigen in dem Abschnitt III normalisierten Schnüre stellen bewegliche Leitungen dar, so daß in der Beschränkung dieser Bezeichnung auf eine Spezialkonstruktion eine gewisse Unstimmigkeit lag. Das aus dem seemännischen Sprachschatz entlehnte Wort „Trosse" bezeichnet ursprünglich ein Seil, das besonders hoch auf Zugfestigkeit beansprucht wird. In der Schleppschiffahrt wird der Dampfer mit den Kähnen durch Trossen verbunden. Die Überschrift schien treffend, weil auch die in dieser Gruppe beschriebenen Leitungen unter besonderer Berücksichtigung auf Zugbeanspruchung konstruiert sind.

Wie in der Konstruktionsbeschreibung näher erläutert ist, fallen unter die Gruppe alle solche Leitungen, die betriebsmäßig häufig auf- und abgewickelt oder hin und her bewegt werden. Die Führung über Leitrollen und Trommeln stellt nur ein besonders charakteristisches Anwendungsgebiet, namentlich für Abteufen, dar. In der Überschrift sind dann weiter einige besondere Beispiele angeführt.

Pflugleitungen sind aus dem Grunde ausgenommen, weil über die Konstruktion dieser für den technischen und wirtschaftlichen Betrieb elektrischer Pflüge überaus wichtigen Organe zurzeit festliegende Konstruktionen noch nicht geschaffen werden konnten. Die Anforderungen des Pflugbetriebes verlangen eine außerordentlich solide, feuchtigkeitsbeständige und leicht bewegliche Leitung, anderseits bedingt die Wirtschaftlichkeit des elektrischen Pflugbetriebes bei einem mög-

---

[1] Der Vorschlag zur Wahl des Ausdrucks „Trosse" rührt von Herrn Oberingenieur Vogel-Kattowitz her.

lichst billigen Preis hohe Lebensdauer. Denn während bei anderen ortsveränderlichen Stromverbrauchern meistens nur kurze Längen in Betracht kommen, erfordert der Pflugbetrieb sehr erhebliche Mengen Leitungsmaterial, so daß ein nennenswerter Prozentsatz der gesamten Anschaffungskosten auf die Zuleitung entfällt. Durch diese teilweise sich ausschließenden Forderungen war es bisher nicht möglich, unter den Spezialisten eine Übereinstimmung über die Bauart der Pflugleitung zu erzielen.

23. Die Begrenzung des Querschnittes nach unten ist durch die Forderung nach hinreichender mechanischer Festigkeit bedingt. Zu schwache Querschnitte würden den fortdauernden Bewegungen nicht standhalten. Die Begrenzung nach oben ist geschaffen, um eine hinreichende Biegsamkeit auf jeden Fall zu gewährleisten; zu starke Leitungen würden zu steif werden. Falls in Ausnahmefällen der Querschnitt nicht ausreicht, müssen zwei parallele Leitungen genommen werden. Auch die unmittelbar folgenden Bestimmungen über die Mindestdurchmesser der einzelnen Drähte, die Herstellung der Lötstellen, die Drallängen und die Verseilung sind dem Bestreben entsprungen, den Leitungstrossen ein Minimum von Biegsamkeit zu gewährleisten. Die Lötstellen dürfen nicht in der Weise hergestellt werden, daß die Litzen stumpf oder schräg abgeschnitten und nun auf ihrem ganzen Querschnitt miteinander verlötet werden. Derartige Lötstellen würden eine vollkommen starre Stelle in dem Seil zur Folge haben, an der ein Bruch eintreten könnte. Es handelt sich bei der Vorschrift selbstverständlich nur um die Herstellung der Verbindungen des Kupferseiles an sich. Durch Versetzung der Lötstellen im Seil wird die mechanische Festigkeit erhöht.

Bei einem mehrlitzigen oder mehrschenkligen Seil sind die einzelnen massiven Drähte nicht in konzentrischen Lagen angeordnet, sondern eine Gruppe von Drähten ist für sich verseilt und diese Teilseile werden erst zum Hauptseil vereinigt. Bei der Vorschrift über die Drallänge ist unter Litzendurchmesser der äußere Durchmesser derjenigen Seillage verstanden, in der der Draht sich befindet. Bei mehrlitzigen Seilen soll der Drall auf den Gesamtdurchmesser des fertigen Seiles bezogen werden.

Als Spannungsgrenze für die Anwendbarkeit der Leitungstrossen mit Gummiadern ist absichtlich 250 Volt und nicht wie an anderen Stellen der Normalien Niederspannung gewählt. Bei der starken mechanischen Beanspruchung dieser Leitungsart schien diese Verschärfung angebracht. In Drehstromanlagen mit 425 Volt verketteter Spannung ist demnach selbst bei geerdetem neutralen Leiter die Benutzung einer der GA-Leitung entsprechenden Isolierung in Leitungstrossen nicht mehr gestattet, es muß vielmehr SGA-Leitung verwendet werden. Nach oben hin ist im übrigen der Spannungsbereich der Leitungstrossen unbegrenzt, gleichwie auch SGA-Leitungen für beliebige hohe Spannungen anwendbar sind.

Die Bestimmung, daß Leitungstrossen keinen Bleimantel haben dürfen, hat Widerspruch herausgefordert mit Rücksicht darauf, daß in älteren Anlagen Abteufkabel mit Bleimantel in Betrieb sind, die Anlaß zu Störungen nicht gegeben haben. Aus diesem Grunde ist in der Fußnote für Abteufkabel eine Ausnahme zugelassen. Bleimäntel sind im übrigen nur angebracht, wenn es sich um Kabel mit Papierisolierung handelt. Bei Gummikabeln stellen sie ein überflüssiges Zubehör dar. Kabel mit Papierisolierung sind jedoch gerade für den Abteufbetrieb ungeeignet, weil sie sorgfältig zu montierende Endverschlüsse erfordern und bei Verletzungen des Bleimantels durch Aufnahme von Feuchtigkeit und chemische Angriffe leicht schadhaft werden können. Außerdem ist infolge der bei niedrigen Temperaturen vorhandenen geringeren Geschmeidigkeit des getränkten Papiers ihre Biegsamkeit geringer als bei gummiisolierten Leitungen. Es ist daher davon abzuraten, auch für Abteufzwecke in Neuanlagen Bleikabel mit Papierisolation zu verwenden.

Genauere Konstruktionsvorschriften sind für die Umhüllung nicht erlassen, weil man der Erfahrung und Erfindungsgabe der Fabrikanten freien Spielraum lassen wollte. In Niederspannungsanlagen ist das Material keiner Beschränkung unterworfen. Es kann also Hanfkordel, Leder oder Metall verwendet werden. Bei Hochspannungsanlagen ist Metallbewehrung vorgeschrieben. Die Metallbewehrung muß zur Erdung geeignet sein, d. h. sie muß in sich fortlaufend und geschlossen sein und einen solchen Querschnitt besitzen, daß dem Erdstrom kein zu hoher Widerstand entgegengesetzt wird. Nach EV § 3 und den Leitsätzen für Schutzerdungen muß daher ihr Querschnitt einem Kupferquerschnitt von 4 mm^2 mindestens gleichwertig sein. Eine Umklöpplung mit Drähten von weniger als 0,5 mm Durchmesser ist aus den bereits mehrfach erörterten Gründen unzulässig, weil die dünnen Drähte leicht zerbrechen und ihre spitzen Enden der Isolierhülle und der Bedienungsmannschaft gefährlich werden können. Besonders geeignet ist die Bewehrung durch biegsame Drahtseile, die schraubenförmig und eng und aneinanderliegend die Leitung umhüllen. Bei dem Aufbau der einzelnen Drahtseile ist im Gegensatz zur Umklöpplung für die Wahl der Drähte keine Begrenzung nach unten gegeben. Es ist sogar erwünscht, möglichst schwache Drähte zu wählen, um die Drahtseilbewehrung recht biegsam zu machen. Eine Armierung durch massive Drähte wäre ungeeignet, da sie den an die

Biegsamkeit zu stellenden Anforderungen nicht entspräche.

Wenn die Bewehrung gleichzeitig als Tragorgan verwendet wird, ist dafür Sorge zu tragen, daß durch den Zug die Hülle nicht so zusammengeschnürt wird, daß die Isolierung der Adern verletzt wird. Außerdem ist zu bewirken, daß die stromführenden Leiter durch passende Anordnung der getragenen Teile vom Zug völlig entlastet werden, weil bei verseilten Adern sonst ein Zerdrücken der Isolation erfolgen kann. Diesen beiden Bedingungen muß durch geeignete konstruktive Ausbildung des Verbindungsgliedes zwischen Leitung und Stromverbraucher entsprochen werden. Die in der Anmerkung zugelassene Ausnahme für Schießleitungen ist in deren besonderer Bauart begründet, da die stromleitenden Teile dieser Leitungen häufig aus Stahl oder anderen Materialien von besonders hoher Festigkeit hergestellt werden.

Die Gummihülle der einzelnen Leitungsadern ist ebenso wie bei Werkstattschnüren mit gummiertem Band zu umwickeln. Die verseilten und rund ausgefüllten Adern erhalten eine gemeinsame Beklöpplung. Über der Beklöpplung folgt das Schutzpolster aus feuchtigkeitsbeständigem Material und darüber erst die mechanisch widerstandsfähige Bewehrung. Das Schutzpolster kann aus gummiertem oder feuchtigkeitssicher imprägniertem Band oder aus anderen ähnlichen Materialien bestehen, die durch Aufnahme von Feuchtigkeit nicht zerstört oder sonstwie unbrauchbar werden können.

Die Schutzhülle des Tragseiles soll dieselbe Dicke wie das über der Beklöpplung liegende Schutzpolster haben.

Das Kupfer der Erdungsleiter muß verzinnt sein, da die gleiche Vorschrift auch für die Erdungsleiter der Werkstattschnüre besteht. Auch der Erdungsleiter muß aus Einzeldrähten von nicht über 0,8 mm Durchmesser verseilt sein, massive Leiter sind unzulässig. Wenn diese Vorschrift auch nicht ausdrücklich gegeben ist, so folgt sie doch aus den Bestimmungen über die Bauart des stromführenden Leiters, die hinfällig gemacht würden, wenn die Einfügung eines massiven Erdungsleiters zulässig wäre. Auch bei dem schwächsten für Leitungstrossen zulässigen Querschnitt von 2,5 mm^2 muß der Erdungsleiter einen Querschnitt von mindestens 4 mm^2 haben. Bei der großen Bedeutung, die einer sicheren Erdung in dem Anwendungsgebiet der Leitungstrossen zufällt, konnte die für Werkstattschnüre zugelassene Abweichung von den Bestimmungen des EV § 3 hier nicht Platz greifen. Nicht unbedingt notwendig ist es indessen, daß der Querschnitt von 4 mm^2 in einem einzigen Seil enthalten ist. Bei einer dreiadrigen Leitungstrosse könnte der Erdungsleiter z. B. gleichfalls in drei, an geeigneter Stelle mit verseilte Leiter von mindestens je 1,35 mm² aufgeteilt werden, die am Anfang und Ende der Leitungstrosse zusammengefaßt werden.

Bei den vielfachen Biegungen, denen die Leitungstrossen ausgesetzt sind, könnten Brüche der Hilfsdrähte in Hochspannungskabeln zu Fehlern Veranlassung geben. Deswegen wurden sie verboten.

Der Schutz gegen chemische Schädigung kann durch geeigneten Anstrich oder zweckmäßige Imprägnierung erreicht werden, derart, wie sie bei den sogenannten wetter- und säurebeständigen Leitungen angewendet wird. Haben die Leitungstrossen Metallbewehrung, so wird ein wirksamer zusätzlicher Schutz durch Verbleiung erzielt.

24. Die verseilten Adern in Mehrleiter-Gummibleikabeln sind durch Beigabe von Füllmaterial auf einen runden Querschnitt zu bringen, ähnlich wie die Gummiaderschnüre.

Der Ersatz der Umklöpplung durch eine zweite Bandbewicklung erweist sich unter Umständen als vorteilhaft. Da nämlich Gummikabel häufig ohne Endverschlüsse benutzt werden, könnte die herausstehende Beklöpplung Feuchtigkeit anziehen und sie in das Kabel hineinsaugen. Die zweite Bandbewicklung muß ebenso wie die unmittelbar über der Gummihülle befindliche gummiert sein.

Mit Rücksicht darauf, daß auch bei Mehrfachschnüren die Beklöpplung der einzelnen Adern durch eine gemeinsame Umklöpplung ersetzt werden kann, schien eine ähnliche Bestimmung hier geboten. Als Schutzhülle über der Verseilung ist indessen an Stelle der gemeinsamen Umklöpplung eine Bandumwicklung vorgeschrieben, weil diese gegenüber der Umklöpplung einen besseren Zusammenhalt der Adern gewährleistet und einen wirksameren Schutz gegen das Eindringen von Feuchtigkeit in das Kabelinnere bietet. Gerade bei verseilten Kabeln ist ein derartiger Schutz wichtig, weil das zur Aufrundung im Kabel liegende Füllmaterial häufig hygroskopisch ist.

Die Imprägnierung braucht nicht notwendig eine Gummierung zu sein; sie soll das Band unhygroskopisch machen und ihm eine solche Klebrigkeit verleihen, daß die einzelnen Lagen fest zusammenhaften. Das imprägnierte Band muß um die Adern spiralig herumgewickelt werden, und zwar derart, daß eine genügende Überlappung vorhanden ist, und die Adern auf ihrer ganzen Länge umhüllt sind. Gummikabel werden hauptsächlich wegen ihrer großen Biegsamkeit zu Schiffsinstallationen verwendet. Da die Marineverwaltungen besondere Bedingungen erlassen haben, erübrigte es sich, über derartige Konstruktionen Vorschriften in die Normalien aufzunehmen.

25. Wenn auch imprägniertes Papier heute fast allein als Isoliermaterial für Kabel verwendet wird, kommt vereinzelt auch noch Jute vor. Andere Faserstoffe werden zu Kabelisolierungen kaum noch benutzt.

Die Spannungsgrenze von 750 Volt ist mit Rücksicht auf den normalen Straßenbahnbetrieb gewählt. Es ist jedoch nicht ausgeschlossen, daß unbewehrte Einleiterkabel oder solche mit einer Armierung aus nicht magnetischem Material auch in Wechselstromanlagen Verwendung finden. Derartige Fälle können auftreten bei der Verbindung starker Maschinenaggregate mit Schaltanlagen, wo die Anwendung eines verseilten Kabels wegen der hohen Stromstärke nicht möglich ist und die Parallelschaltung mehrerer verseilter Kabel nicht gewünscht wird. In derartigen Ausnahmefällen sind selbstverständlich die Werte der Tabelle auch auf solche Einleiterkabel anwendbar, die zur Übertragung von Wechselstrom dienen. Für die Prüfspannung wäre allerdings infolge der stärkeren Beanspruchung durch Wechselstrom ein höherer Wert (etwa 1500 Volt) festzusetzen.

Für Einleiter-Hochspannungskabel, wie sie neuerdings für sehr hohe Spannungen verwendet worden sind, bestehen Normalien zurzeit noch nicht.

26. Über die Konstruktionstabelle ist folgendes zu sagen:

Unter effektiver Querschnitt ist der wirksame Querschnitt gemäß § 2 der Kupfernormalien zu verstehen. Andere Querschnitte als die in der Tabelle genannten sind nicht zulässig. Diese Bestimmung liegt im Interesse einer wirtschaftlichen Fabrikation, damit die Zahl der Drahtdurchmesser für die Einzeldrähte auf eine gewisse Höchstziffer beschränkt bleibt.

Die zweite Rubrik gibt die Mindestzahlen für die Anzahl der Drähte an, aus denen die Litze zusammengesetzt werden soll. Die untere Begrenzung war notwendig, damit eine Mindestbiegsamkeit unter allen Umständen erzielt wird. Wird eine höhere Drahtzahl verwendet, so werden im allgemeinen die in Rubrik 9 angegebenen äußeren Durchmesser des Kabels überschritten werden. Deswegen sind die dort angegebenen Zahlen nur als Annäherungswerte anzusehen, worauf in der Überschrift dieser Rubrik durch den Zusatz „ungefähr" hingedeutet ist.

Da Prüfdrähte nur für Speiseleitungen in Betracht kommen, erschien es überflüssig, in den kleinen Querschnitten bis 10 mm² diese Hilfsdrähte zuzulassen. Der Querschnitt von 1 mm² ist für die eigentliche Verwendung des Prüfdrahtes zu Spannungsmessungen ausreichend. Die Festsetzung verhindert, daß Prüfdrähte zu anderen Zwecken, für die stärkere Querschnitte notwendig würden, benutzt werden.

Es war bereits erwähnt, daß außer imprägniertem

Papier und Jute Faserstoffe anderer Art praktisch für Kabelisolierungen nicht in Betracht kommen. Selbstverständlich muß das Isoliermaterial sowie die Imprägnierung frei von Säuren oder anderen das Kupfer schädlich beeinflussenden Stoffen sein. Die Mindestdicken sind mit Rücksicht auf die mechanische Festigkeit des Kabelgebildes gewählt. Elektrisch würden geringere Wandstärken genügen. Auch sollte nach rein elektrischen Grundsätzen gerechnet die Wandstärke mit zunehmendem Querschnitt abnehmen, da bei größeren Leiterdurchmessern die elektrische Beanspruchung der Isolierung sinkt. Infolge des stärkeren Gewichtes der dickeren Querschnitte und der rauheren Behandlung, denen diese ausgesetzt sind, schien es jedoch geboten, mit zunehmendem Querschnitt die Dicke der Isolierhülle in angemessener Weise zu erhöhen.

Dieselben Gesichtspunkte, waren auch für die Verstärkung des Bleimantels mit zunehmendem Querschnitt maßgebend. In der Regel werden neuerdings nur noch einfache Bleimäntel verwendet, doppelte bringen keinen Vorteil. In den Anfängen der Kabeltechnik gab man zuweilen den doppelten Bleimänteln den Vorzug, von dem Gesichtspunkte ausgehend, daß poröse Stellen im unteren Bleimantel durch den zweiten Mantel verdeckt würden. Moderne Bleipressen arbeiten indessen so einwandfrei, daß bei sorgfältiger Prüfung des Kabels eine Gefahr nach dieser Richtung nicht besteht. Anderseits ist bei den doppelten Bleimänteln, da auf den einzelnen Mantel eine viel geringere Wandstärke entfällt, die Gefahr, daß sich unganze Stellen bilden, bedeutend größer.

Die Bedeckung des Bleimantels soll ein Polster bilden, damit die Bewehrung sich nicht in das weiche Metall zu stark eindrückt. Wird Papier verwendet, so ist es spiralig mit guter Überlappung um den Bleimantel zu wickeln. Jute, Papiergarn oder Baumwolle wird umsponnen oder umklöppelt.

Bis 16 mm² einschließlich ist Runddrahtarmierung vorgeschrieben. Der Draht soll verzinkt sein, damit ein sicherer Rostschutz gewährleistet ist. Die Imprägnierung durch asphaltähnliche Massen allein würde nicht genügen, zumal beim Durchrosten eines einzelnen Drahtes die Armierung sich aufwickeln könnte. Drahtarmierung ist für die schwachen Querschnitte notwendig, weil sie besser in der Lage ist, die bei der Verlegung auftretenden Zugbeanspruchungen aufzunehmen, während eine Bandarmatur den Bleimantel einschnüren würde. Die zur Bewehrung dienenden Bänder sollen gut mit Compound bedeckt sein, um ein Rosten nach Möglichkeit zu verhüten. Über die Breite der Bänder sind besondere Bestimmungen nicht getroffen. Dieselbe ist dem Querschnitte entsprechend nach freiem Ermessen abzustufen.

Als Material der über der Bewehrung vorgesehenen Bedeckung ist allgemein Faserstoff vorgeschrieben. In der Regel wird Juteumspinnung verwendet. Indessen kann auch Papiergarn benutzt werden. Wichtig ist, daß die äußere Faserstoffbedeckung genügend Widerstand gegen schleifende und reibende Beanspruchung bietet. Aus diesem Grunde wäre etwa eine Umwicklung aus bandförmigen Papierstreifen nicht am Platze. Die Imprägnierung soll den Faserstoff an sich konservieren, sodann aber auch zusätzlich die Bewehrung vor Rosten schützen. Wie in der Fußnote zur Tabelle noch erläutert ist, soll die Bewehrung durch die Faserstoffhülle vollkommen bedeckt sein und auf ihrem ganzen Umfange mindestens die in der Rubrik 8 angegebene Dicke besitzen.

27. Die Prüfspannung von 1200 Volt Wechselstrom entspricht bei Annahme des Umrechnungsfaktors 1.4 einer Gleichstromprüfung mit ca. 1700 Volt, also mehr als dem Doppelten der höchsten Betriebsspannung. Tatsächlich liegt die Durchschlagsgrenze der nach Tabelle I gebauten Kabel bei Spannungen, die ein Vielfaches der Prüfspannung betragen, so daß der elektrische Sicherheitsgrad dieser Kabelgruppe ein außerordentlich hoher ist. In der Regel beschränkt man sich auf Prüfung der einzelnen Längen in der Fabrik. Dafür allein ist auch die Vorschrift gegeben. Eine Prüfung verlegter Netze würde bei der hohen Kapazität der Einleiter-Gleichstromkabel auf außerordentliche Schwierigkeiten stoßen. Allenfalls wäre eine Gleichstromprüfung denkbar. Bei dem gedrungenen Aufbau der Einleiterkabel und der verhältnismäßig dicken Isolierung ist die Möglichkeit einer bei der Verlegung auftretenden Verletzung oder Beeinträchtigung der erforderlichen elektrischen Festigkeit indessen so gering, daß auf eine derartige Prüfung unbedenklich verzichtet werden kann.

Ziffern über den Isolationswiderstand der Bleikabel, der früher eine große Rolle spielte, sind bereits seit langer Zeit aus den Normalien gestrichen. Die Erkenntnis, daß Isolationswiderstand und Durchschlagsfestigkeit nichts miteinander gemein haben, und die Tatsache, daß ein hoher Isolationswiderstand auch über die voraussichtliche Lebensdauer des Kabels nichts aussagt, führte dazu, auf die Festlegung dieser Größe zu verzichten, um so mehr, als eine physikalisch einwandfreie Definition und exakte Messung des Isolationswiderstandes wegen der Ladungs- und Rückstandserscheinungen nicht möglich ist. Selbstverständlich soll jedes Kabel einen angemessenen Isolationswiderstand besitzen. Aus physikalischen Gründen nimmt bei gleichem spezifischem Isolationswiderstande des Isoliermaterials der per Kilometer gemessene Isolationswiderstand des Kabels mit wachsendem Querschnitt ab. Im

allgemeinen sollten auch die größten Querschnitte der
Einleiterkabel in der Fabrik nach der üblichen Methode
des direkten Ausschlags mit einer Gleichstrombatterie
von 100 Volt nach einer Minute gemessen, einen Isolationswiderstand von etwa 100 Megohm per Kilometer
bei 15° C besitzen. Wichtiger als der absolute Wert der
Größe ist die Feststellung, daß der Isolationswiderstand
vor und nach der Hochspannungsprüfung ungefähr den
gleichen Wert besitzt. Findet man nach der Hochspannungsprüfung eine wesentliche Abnahme des Isolationswiderstandes auf dieselbe Kabeltemperatur bezogen wie vorher, so besteht der Verdacht, daß Veränderungen in dem Isoliermaterial vorgegangen sind.

28. Um ein Übermaß von abnormalen Querschnitten
zu vermeiden, sind auch für Aluminiumkabel nur dieselben normalen Querschnitte zulässig wie für Kupfer.
Die genaue Umrechnung eines Kupferquerschnittes in
einen äquivalenten Aluminiumquerschnitt erscheint überflüssig, wenn man berücksichtigt, daß auch die Wahl
der Kupferquerschnitte nicht auf Grund der berechneten Werte erfolgt, sondern daß man sich daran gewöhnt hat, einen dem theoretischen Werte am nächsten
kommenden normalen Querschnitt zu wählen.

Für die Beschaffenheit des Aluminiums sind Vorschriften entsprechend den Kupfernormalien nicht gegeben. Indessen ist vorausgesetzt, daß nur reines, sogenanntes 99%iges Aluminium höchster Leitfähigkeit
in weich geglühtem Zustande Verwendung findet. Für ein
derartiges Material kann der spezifische Widerstand bei
20° C zu 28,5 Ohm per Kilometer und Quadratmillimeter
angenommen werden, so daß, auf gleichen Spannungsabfall bezogen, der äquivalente Aluminiumquerschnitt
1,66 mal dem Kupferquerschnitt ist. Die Benutzung von
Aluminiumkabeln ist bisher in ziemlich engen Grenzen
geblieben, wenngleich bei hohen Querschnitten und
passendem Verhältnis von Kupferpreis zu Aluminiumpreis Ersparnisse erzielt werden können. Da infolge des
größeren Durchmessers des Aluminiumleiters die Kosten
für Isolierung, Bleimantel und Armatur entsprechend
wachsen, läßt sich natürlich eine allgemein gültige Angabe über den Grenzwert des kritischen Preisverhältnisses nicht machen. Diese Zahl ist vielmehr für jeden
Kabelquerschnitt verschieden und hängt außerdem vom
jeweiligen Bleipreise ab. Irgendwelche Schwierigkeiten
bei verlegten Aluminiumkabeln sind bisher nicht bekannt geworden; auch die Verbindung innerhalb der
Muffen erfolgt einwandfrei, da infolge des völligen Luftabschlusses das Metall auch dort nicht angegriffen werden
kann.

Aus theoretischen Erwägungen begünstigt wird die
Anwendung des Aluminiums für Hochspannungs-Einfachkabel, wenn es sich darum handelt, durch Vergrößerung des Leiterdurchmessers den maximalen Spannungs-

gradienten und damit die dielektrische Beanspruchung des Isoliermaterials möglichst herabzusetzen.

Auch andere Metalle außer Kupfer und Aluminium können als Leitermaterial benutzt werden. Der elektrischen Leitfähigkeit nach käme Zink in Betracht. Auch Eisen ist verwendbar. Für Leiter aus diesen Metallen kommen gleichfalls nur normale Querschnitte in Frage, der spezifische Widerstand des Eisens soll höchstens 143 Ohm, der von Zink 66,5 Ohm pro Kilometer und Quadratmillimeter betragen.

29. Mehrleiter-Bleikabel können für Gleichstrom, Wechselstrom und Drehstrom verwendet werden. Konzentrische Kabel besitzen in der Regel nicht mehr als drei Leiter, verseilte Kabel können beliebig viele Leiter enthalten. Prüfdrahtkabel und Betätigungskabel für Schaltanlagen fallen gleichfalls unter die Vorschriften, Fernsprechkabel dagegen nicht. Sind Prüfdrähte und Fernsprechkabel innerhalb desselben Bleimantels zu einem kombinierten Kabel vereinigt, so brauchen die Fernsprechadern den Vorschriften nicht zu entsprechen, wohl aber gelten dieselben für die Prüfdrahtadern sowie den Bleimantel und die Armierung.

In verseilten Starkstromkabeln für Kraftübertragung und Beleuchtung ist die höchste Aderzahl im allgemeinen vier. Derartige Kabel werden in Drehstromnetzen mit eingeführtem neutralem Leiter benutzt. Die einzelnen Leiter brauchen nicht gleichen Querschnitt zu haben. In dem angeführten Falle, sowie in dem der Gleichstrom-Dreileiternetze ist eine Ader häufig schwächer als die anderen. Die Querschnittsform kann rund oder sektorförmig, bei zweifach verseilten Kabeln halbrund bzw. nierenartig sein. Sektorleiter lassen sich ohne nennenswerte Zwischenfüllung zu einem runden Gebilde verseilen, bieten eine bessere Raumausnutzung dar und ergeben auf diese Weise ein Kabel von geringerem Gesamtdurchmesser und daher billigerem Preise. Anderseits ist wegen der bei der Verseilung notwendig auftretenden Verdrillung der Adern um ihre eigene Achse das Sektorkabel steifer, auch wird während des Fabrikationsprozesses die Isolierschicht mechanisch stärker beansprucht. Diese Tatsache, sowie die hohe elektrische Beanspruchung des Isoliermaterials an den starken Krümmungen des Sektors haben dazu geführt, daß neuerdings Sektorkabel für Spannungen über 12 bis 15000 Volt von maßgebenden Kabelfabriken nicht mehr empfohlen werden. Da eine obere Spannungsgrenze nicht angegeben ist, gelten die Bestimmungen dieses Absatzes sowie die Ziffern der Tabellen II und III für alle Spannungen.

30. Die Forderungen dieses Absatzes haben in der Hauptsache fabrikatorische Wichtigkeit. Wenn die Drähte des Außenleiters schwächer als 0,8 mm sein würden, und bei der Verseilung zwischen den einzelnen

Drähten Zwischenräume stehen blieben, wäre es schwierig, die äußere Isolierung in einwandfreier Form aufzubringen. Die Schichten des Isoliermaterials würden sich in die Zwischenräume eindrücken oder es könnten Lufträume bestehen bleiben, die zu späteren Störungen Veranlassung geben.

Die Begrenzung der Betriebsspannung für konzentrische Kabel auf 3000 Volt ist durch fabrikatorische und elektrische Gründe bedingt. Der dichte Abschluß der Drähte des Außenleiters versperrt den Tränkmassen bei der Fabrikation der Kabel leicht den Weg. Gerade für höhere Spannungen ist eine sorgfältige Imprägnierung der zur Isolierung dienenden Faserstoffe im Interesse der Lebensdauer und Betriebssicherheit aber unerläßlich. Bei den mit steigender Spannung wachsenden Isolationsdicken wäre im konzentrischen Aufbau eine einwandfreie Fabrikation in dieser Hinsicht daher kaum gewährleistet und möglich. Dazu kommt, daß besonders in ausgedehnten Netzen, wie sie bei höheren Spannungen die Regel bilden, die durch die geometrische Anordnung bedingten, wesentlich voneinander abweichenden Kapazitäten der einzelnen Leiter im konzentrischen Kabel Störungen im Betriebe zur Folge haben können. Der Unterschied in den Ladeströmen bei leerlaufendem oder schwach belastetem Netz vermöchte unter Umständen unangenehme Rückwirkungen auf die Generatoren hervorbringen, außerdem können Überspannungen durch Resonanzerscheinungen beim Ein- und Ausschalten, sowie sonstige Komplikationen durch die elektrische Unsymmetrie des Netzes entstehen. Abgesehen von älteren Anlagen werden konzentrische Kabel in Deutschland nur noch wenig verwendet, während merkwürdigerweise England und Amerika sich nur ungern von dieser Bauart zu trennen scheinen.

Die Einlage von Prüfdrähten in das Kabel bringt Unregelmäßigkeiten in der Verteilung des elektrischen Feldes hervor und schwächt dadurch die elektrische Durchschlagsfestigkeit. Für höhere Spannungen als 750 Volt sind besondere Prüfdrahtkabel zu verwenden.

31. Die Frage der zweckmäßigsten Prüfspannung für Kabel stellt ein viel umstrittenes Gebiet und häufig erörtertes Thema dar. Der Zweck der Prüfung soll erstens darin bestehen, örtliche Fehler, die bei der Fabrikation oder während des Transportes und der Verlegung etwa entstanden sind, zu kennzeichnen und auszumerzen. Zweitens soll die Prüfung einen Maßstab für die Beurteilung des Sicherheitsgrades abgeben, der bei der Konstruktion des Kabels zugrunde gelegt worden ist. Darüber, welchen Sicherheitsgrad ein im Organismus der elektrischen Kraftübertragung so überaus wichtiges Glied wie das Kabel haben soll, muß in letzter Linie der Besteller selbst entscheiden. Denn der gewünschte Sicherheitsgrad bedingt den Preis des Kabels. Zweifellos wird ein mit dreifacher oder vierfacher Sicherheit gebautes Kabel heftigen Überspannungen gegenüber sich widerstandsfähiger verhalten als ein solches mit nur doppelter Sicherheit. Die Normalien beschränken sich daher darauf, die untere Grenze dessen anzugeben, was mindestens gefordert werden muß. Dafür schien die doppelte Betriebsspannung um so eher ausreichend, als ein halbstündig mit dieser Spannung geprüftes Kabel kurzzeitig erheblich höhere Spannungen ohne weiteres zu ertragen vermag. Gerade Überspannungsschwingungen, die wichtigste und schwerwiegendste Störung im Kabelbetriebe, pflegen aber, ihrem Wellencharakter entsprechend, in sehr kurzen Zeiten abzuklingen.

Der vorgeschriebene Sicherheitsgrad der Bauart ist durch die Prüfung im Werk festgestellt. Solche Fabrikationsfehler, die in kurzer Zeit einen Durchschlag herbeiführen könnten, werden durch eine halbstündige Probe mit doppelter Betriebsspannung zweifellos entdeckt. Geringfügige Unregelmäßigkeiten, etwa in der Schichtung des Papiers oder der Tränkung würden auch durch eine höhere und längerdauernde Prüfung nicht mit Sicherheit herausgefunden, so daß es zwecklos wäre, deswegen über das angegebene Maß hinauszugehen.

Nach erfolgtem Bestehen der Prüfung in der Fabrik soll die Prüfung nach der Verlegung solche groben Fehler ausmerzen, die in Form mechanischer Verletzungen später entstanden sein könnten.

Es ist wiederholt erörtert worden, ob es nicht wünschenswert sei, die Prüfspannung nach der Verlegung zu erhöhen, zumal in Wirklichkeit fast alle Besteller auch nach der Verlegung die doppelte Prüfspannung vorschreiben. In Berücksichtigung der Tatsache indessen, daß die in den Normalien gegebenen Prüfspannungen lediglich Mindestwerte darstellen sollen, deren Überschreitung dem Besteller freigegeben ist, anderseits aber die 1,25fache Betriebsspannung als ausreichend zu erachten ist, um grobe mechanische Verletzungen bemerkbar zu machen, ist der eingesetzte Wert bisher aufrecht erhalten geblieben. Mitbestimmend für diese Entscheidung waren die großen praktischen Schwierigkeiten, die sich der Prüfung verlegter Kabelnetze mit hohen Spannungen in den Weg stellen. Die Ladeströme nehmen mit wachsender Spannung sehr bald so hohe Werte an, daß die Dimensionen der Prüfanordnungen sehr groß werden müssen, um die scheinbaren Leistungen herzugeben. Selbst wenn man, wie das bei einigermaßen beträchtlicher Ausdehnung der Netze notwendig wird, die Kapazität der Kabel durch die Induktivität parallel geschalteter Drosselspulen kompensiert, werden Größen und Gewichte für Prüftransformatoren und Drosselspulen notwendig, deren Transport und Betrieb oft nahezu unmöglich wird, abgesehen von den hohen Kosten, die die Beschaffung solcher Einrichtungen erfordert. Beschränkt man sich dagegen auf die 1,25fache Prüfspannung, so kann man fast immer noch mit den normalen Betriebstransformatoren die Prüfung vornehmen.

Die gekennzeichneten Schwierigkeiten fallen fort, wenn man die Prüfung verlegter Netze mit hochgespanntem Gleichstrom ausführen würde. Lichtenstein empfiehlt hierfür den von Delon angegebenen Umformer, für den die Siemens-Schuckert-Werke eine fahrbare Anordnung mit Antrieb durch Explosionsmotor benutzen. Ausgedehntere Erfahrungen an größeren Kabelnetzen darüber, ob die Gleichstromprüfung grundsätzlich einer Prüfung mit Wechselstrom gleichgewertet werden kann, liegen zurzeit noch nicht vor. Deswegen mußte vorerst noch davon abgesehen werden, Gleichstrom für die Kabelprüfung zuzulassen. Wie auf Seite 54 ausgeführt, ist seine fakultative Verwendung für die Prüfung der GA-Leitungen gestattet. Die dort gewonnenen Ergebnisse werden vielleicht später Rückschlüsse auf die Kabelprüfung gestatten.

Es soll auch an dieser Stelle der oft gehörten Auffassung widersprochen werden, als wenn zu hohe Prüfspannungen ganz allgemein eine Überanstrengung des Isoliermaterials zur Folge haben. Selbstverständlich darf auch bei noch so hoher Prüfspannung diese Erscheinung nicht auftreten. Je höher die Prüfspannung ist, um so stärker muß eben die Dicke der Isolierhülle gewählt werden. Denn die Konstruktion eines Hochspannungskabels muß sich nicht nach der Höhe der Betriebsspannung, sondern nach der vorgeschriebenen Prüfspannung richten. Der Besteller, der hohe Prüfspannungen zu haben wünscht, muß sich also damit abfinden, daß die diesen Spannungen entsprechend hergestellten Kabel teurer werden als solche mit normalen Prüfspannungen.

Für die Ausführung der Prüfungen ist im Gegensatz zu den Vorschriften unter „II 1a" bei Gummiaderleitungen keine Vorschrift über die Temperatur gegeben oder die Forderung aufgestellt, daß die Kabel eine bestimmte Zeit unter Wasser zu liegen haben. Die Wasseraufnahmefähigkeit von getränktem Papier ist so gering, daß erfahrungsgemäß durch kleine Undichtigkeiten des Bleimantels selbst nach längerem Liegen unter Wasser so wenig Feuchtigkeit hindurchdringt, daß merkbare Verschlechterungen in den elektrischen Eigenschaften des Kabels nicht auftreten. Deswegen erschien es überflüssig, überhaupt zu verlangen, daß Bleikabel unter Wasser geprüft werden. Bei sorgsamer Kontrolle in der Fabrikation müssen Fehler im Bleimantel auf andere Weise entdeckt werden. Mit dem Fortfall der Prüfung unter Wasser konnte auch die Angabe einer bestimmten Temperatur aufgegeben werden. Auch dies erschien belanglos, da die Durchschlagsfestigkeit der Kabel innerhalb der Grenzen normaler Raumtemperaturen als unabhängig von diesen betrachtet werden kann.

In steigendem Maße werden neuerdings Angaben über die Werte der Kapazität und Induktivität von Kabeln verlangt. Die Kapazitätswerte sind wichtig, um die Ladeströme des Netzes voraus zu bestimmen. Bei Kenntnis der beiden genannten Größen lassen sich ferner überschlägige Rechnungen über die Höhe etwa entstehender Überspannungen durch Resonanzerscheinungen aufstellen. Bei der Messung und Angabe von Kapazität und Induktivität sind mit Rücksicht auf die verschiedenartigen Schaltungsmöglichkeiten mehradriger Kabel die Definitionen der elektrischen Eigenschaften gestreckter Leiter zu beachten, die vom Elektrotechnischen Verein aufgestellt und vom Verbande Deutscher Elektrotechniker im Jahre 1910 angenommen wurden. Es sei hier insbesondere auf § 5 dieser Definitionen verwiesen, in der Festlegungen über den Begriff der Betriebswerte gemacht sind.

Eine Größe, die mit wachsender Höhe der Betriebsspannung für Kabel erhöhte Bedeutung erlangt hat, ist die sogenannte Verlustziffer, durch die der Wert des im unbelasteten Kabel durch Wärmeentwicklung im Dielektrikum entstandenen Verlustes angegeben wird. Selbstverständlich muß hierbei der durch den Ladestrom im Kupferleiter entwickelte Wärmeverlust in Abzug gebracht werden. Wenn auch die genaue Bestimmung dieser Ziffer mit Schwierigkeiten verknüpft ist und einheitliche Meßmethoden zurzeit noch nicht bestehen, so gibt doch die Messung der Verlustziffer ein wichtiges Kriterium für die Güte des Kabels ab. Je kleiner die Verlustziffer ist, je geringer also die Wärmeentwicklung im Isolationsmaterial durch die elektrische Beanspruchung war, um so höher kann auch die Lebensdauer des Kabels eingeschätzt werden. Beim Vergleich verschiedener Kabel wird daher denjenigen mit geringster Verlustziffer der Vorzug zu geben sein.

32. Die Angaben über den Aufbau des Kabels sind bei Mehrfachkabeln in zwei Tabellen zerlegt, mit Rücksicht darauf, daß die Stärke des Bleimantels und der Bewehrung lediglich vom Durchmesser des Kabels über dem Bleimantel abhängt, nicht aber von Anzahl und Stärke der Kupferleiter innerhalb desselben. Die Angaben über die Mindestzahl der Drähte in Tabelle II beziehen sich bei verseilten Kabeln lediglich auf kreisförmige Leiterquerschnitte. Sie gelten also nicht für Sektorkabel. Die Herstellung des Sektorleiters kann entweder in der Weise erfolgen, daß eine kreisförmig verseilte Litze auf mechanischem Wege in die Sektorform gepreßt wird, oder indem von vornherein durch die Art der Verseilung ohne mechanische Quetschung die Sektorform erreicht wird. Die letzte Methode ist vorzuziehen, da die einzelnen Drähte hierbei nicht beschädigt werden und kein scharfer Grat entstehen kann. Die Mindeststärke der Isolierung ist auch hier wie bei den Vorschriften über Einfachkabel im wesentlichen aus mechanischen Gründen festgelegt worden. Bei konzentrischen Kabeln und bei der Verseilung der Adern erfolgt notwendig eine Pressung des Isoliermaterials, so daß hinreichende Sicherheit dagegen gewährt werden mußte, daß überall, auch an den gepreßten Stellen, noch eine auf jeden Fall hinreichende Dicke vorhanden ist. Als Isoliermaterial ist auch in Tabelle II gut imprägniertes Papier oder anderer Faserstoff vorgeschrieben. In Wirklichkeit findet für Mehrleiter-Starkstromkabel heute nur noch imprägniertes Papier Verwendung.

Auch die Frage, ob für höhere Betriebsspannungen als 750 Volt die Stärke der Isolierschicht normalisiert werden solle, ist wiederholt erörtert worden. Es könnte als eine Beschränkung der Normalien angesehen werden, daß man auf die Festlegung derartiger Werte verzichtet hat. Gerade bei dem Aufbau von Hochspannungskabeln bietet jedoch die Qualität von Papier und Isoliermasse, die Art der Tränkung, die Verteilung und Schichtung des Papiers und die Anordnung des Leiters soviel verschiedene Möglichkeiten, daß es unrichtig gewesen wäre, die Fabrikanten auf einem Gebiete in starre Vorschriften zu zwingen, auf dem fortgesetzt noch neue Erfahrungen neue Ergebnisse hervorbringen. Mit Recht ist es daher dem Ermessen des Fabrikanten überlassen worden, auf Grund seiner besonderen Erfahrungen die Isolationsdicke für jede Betriebsspannung festzusetzen. Die Garantie, daß die vorgesehene Isolationsdicke ausreichend ist, kann sich der Besteller durch Forderung einer ihm angemessen erscheinenden Prüfspannung verschaffen.

33. Die Belastungstabelle bezieht sich auf alle Arten gummiisolierter Leitungen, die in den Normalien vorhanden sind. Sie gilt für sämtliche Verlegungsarten, gleichgültig ob die Leitungen frei auf Rollen, in Rohren oder als bewegliche Leitungen zum Anschluß ortsveränderlicher Stromverbraucher installiert sind. Die angegebenen Höchststromstärken gelten auch unabhängig von der Aderzahl der Leitungen. Für Einfach-, Mehrfach- und Dreifachleitungen sind also die gleichen Werte angesetzt. Die Zahlenwerte, die für die Aufstellung der Belastungstabelle benutzt wurden, sind verschiedenen Versuchsreihen entnommen, über die in eingehenden Beratungen im Jahre 1907 verhandelt worden ist. Die Tabelle beruht auf der Annahme, daß die höchst zulässige Temperatur gummiisolierter Leitungen nicht mehr als 50° C betragen soll. Demgemäß wurde unter Annahme einer höchsten Raumtemperatur von 30° C eine durch den Strom maximal erreichbare Temperaturerhöhung von 20° C zugrunde gelegt. Für die kleineren

Querschnitte bis 2,5 mm² wurden aus dem vorliegenden Versuchsmaterial die Anordnungen ausgewählt, bei denen zwei Drähte in einem Rohr installiert waren, weil dies dem praktischen Fall am nächsten kommt. Die stärkeren Querschnitte beziehen sich auf den Fall, daß nur ein Draht in einem Rohre liegt.

Die Stromstärken sind als höchstzulässig bezeichnet, sie dürfen daher auf keinen Fall überschritten werden. Bei der Anwendung von Maximalschaltern ist also eine bessere Ausnutzung der Leitungen möglich, als bei der Strombegrenzung durch Schmelzsicherungen. Wenn Schmelzsicherungen angewendet werden, ist gemäß der in EV § 20 A 1 gegebenen Anweisungen eine Sicherung zu wählen, deren Nennstromstärke ⁴/₅ der in der Tabelle bezeichneten Maximalstromstärke beträgt.

Die Aufstellung einer gemeinsamen Tabelle für alle Leitungsarten rechtfertigte sich, weil Mehrfachleitungen fast nur in kleinen Querschnitten benutzt wurden und in diesem Bereich die zulässigen Stromstärken so vorsichtig bemessen sind, daß auch bei einer in bezug auf Abkühlung ungünstigen Bauart und Verlegung gefährliche Erwärmungen nicht auftreten können.

Intermittierende Betriebe weisen so verschiedene Charakteristiken auf, daß es nicht möglich erschien, etwa durch einen prozentischen Zuschlag zu den Höchststromstärken für Dauerbelastungen ihren Eigenarten zusammenfassend gerecht zu werden. Unter diesen Umständen mußten genauere Festlegungen unterbleiben, und man begnügte sich mit dem allgemeinen Hinweis. Über die Belastungsfähigkeit von Leitungen und Kabeln für intermittierende Betriebe sind vom Verfasser eingehende Untersuchungen angestellt worden. Nach dem Ergebnis dieser Untersuchungen hängt die Überlastbarkeit bei intermittierenden Betrieben sowohl von dem Aufbau des Kabels selbst, wie von der Charakteristik der Belastung ab. Dem Aufbau des Kabels wird durch Einführung der sogenannten Zeitkonstante T Rechnung getragen. Für den intermittierenden Charakter des Betriebes ist die Zeitdauer der Belastung a und die Dauer einer vollen Betriebsperiode, also Summe der Belastungs- und Abkühlungszeit P, maßgebend. Bezeichnet man das Verhältnis Höchststrom bei intermittierenden Betrieben zu Höchststrom bei Dauerlast mit p, so gilt die grundlegende Beziehung

$$\frac{a}{P} = \frac{1}{1 - \frac{T}{a}\ln\left[p^2 - e^{\frac{a}{T}}(p^2 - 1)\right]}$$

Aus dieser Gleichung läßt sich für alle möglichen Betriebsarten der Faktor p ermitteln, durch dessen Multiplikation mit dem Dauerstrom die zulässige Höchststromstärke für den betreffenden intermittierenden

Betrieb berechnet werden kann. Für überschlägige Rechnungen kann man zur Bestimmung der Höchststromstärke im intermittierenden Betriebe auch den quadratischen Mittelwert der Stromstärken, genommen über die Periode P, heranziehen. Man erzielt bei diesem Annäherungsverfahren dann genügend genaue Werte, wenn das Verhältnis $\frac{a}{P}$ nicht zu klein ist.

Nachstehend ist für gummiisolierte Leitungen eine Tabelle gegeben, aus der Stromstärken für intermittierende Betriebe für zwei charakteristische Fälle entnommen werden können. Für andere Berechnungen muß auf die Originalarbeit[1]) verwiesen werden.

Höchststrom in Ampere für intermittierenden Betrieb

Querschnitt in mm²	berechnet für $\frac{a}{P}=0{,}5$ und $a=1$ Min.	berechnet für $\frac{a}{P}=0{,}2$ und $a=1$ Min.
0,50	9	12
0,75	12	15
1	15	20
1,5	19	26
2,5	27	38
4	34	48
6	42	59
10	59	84
16	105	150
25	140	205
35	175	260
50	225	340
70	280	425
95	335	520
120	395	610
150	455	710
185	530	830
240	630	980
310	760	1180
400	900	1400
500	1070	1670
625	1240	1930
800	1490	2310
1000	1770	2750

34. Die Belastungstabelle für Bleikabel ist im Jahre 1907 aufgestellt worden. Lediglich die Werte für die Querschnitte 1 mm², 1,5 mm², 2,5 mm² für die verseilten Mehrfachkabel bis 3000 Volt wurden bei der

---

[1]) „ETZ" 1908, S. 407.

letzten Umänderung der Normalien im Jahre 1914 hinzugesetzt. Nachdem die im Jahre 1904 geschaffene erste Belastungstabelle für Einleiterkabel wesentlich auf Versuchsdaten gegründet war, ist die neue Tabelle auf Grund einer genaueren Formel berechnet worden. Dieselbe lautet folgendermaßen[1]):

$$J = \frac{16.52}{\sqrt{\nu \varrho_\tau}} \sqrt{\frac{Q\tau}{\sigma_{x\tau} \log \frac{Da'}{Di'} + \sigma_{n\tau} \log \frac{4l}{Da}}}$$

Hierin bezeichnen die einzelnen Buchstaben:

ν die Zahl der Leiter im Kabel.
  (Also z. B. für Drehstromkabel $\nu = 3$.)

ϱ_τ spezifischer Widerstand des Leitermetalls bei der der Temperaturerhöhung τ^0 entsprechenden Leitertemperatur.

Q Querschnitt jedes Leiters in mm^2.

τ Temperaturerhöhung in Celsiusgraden.

$\sigma_{x\tau}$ spezifischer Wärmewiderstand des Isoliermaterials und des Packmaterials über der Armierung in elektrischer Maßeinheit (eingesetzt wurde $\sigma_{x\tau} = 550$).

$\sigma_{n\tau}$ spezifischer Wärmewiderstand des Erdbodens in elektrischer Maßeinheit (eingesetzt wurde $\sigma_{n\tau} = 40$).

Da äußerer Kabeldurchmesser in mm.

Da' reduzierter äußerer Kabeldurchmesser in mm[2]).

Di' Durchmesser des Leiters des substituierten Einleiterkabels in mm.

l Verlegungstiefe in mm.

Als maximal zulässige Temperaturerhöhung wurde $\tau = 25^{\circ}$C zugrunde gelegt.

Für die verseilten Kabel wurde es als ausreichend erachtet, zwei durch Spannungsgrenzen charakterisierte Gruppen zu bilden, weil die Abhängigkeit der zulässigen Belastungsstromstärken von den durch die Verschiedenheit der Betriebsspannung bedingten Differenzen in der Isolationsstärke erst bei sehr großen Abweichungen erheblich wird. Bei der Berechnung der Formel wurde eine Normalkonstruktion zugrunde gelegt, was aus dem eben angeführten Grunde sich als zulässig erwies. Kabel über 10000 Volt wurden in die Tabelle nicht mit aufgenommen, weil zur Zeit der Aufstellung der Tabelle derartige Kabel noch eine Ausnahme darstellten. Auch später unterblieb eine Erweiterung in dieser Richtung, weil es wünschenswert erschien, für extrem hohe Spannungen den Fabrikanten Freiheit in der Angabe der zu-

---

[1]) Vgl. Teichmüller, Die Erwärmung elektrischer Leitungen.
[2]) Vgl. dazu Teichmüller l. c.

lässigen Höchststromstärke zu lassen. Die Tabelle gilt für blanke und armierte Kabel unter Unterschied.

Die Entstehungsgeschichte der Belastungstabelle zeigt schon, daß die darin enthaltenen Werte nicht als zwingende Vorschrift anzusehen sind, weil sie nur auf eine ziemlich beschränkte Genauigkeit Anspruch erheben können. Die Ziffern sollen vielmehr lediglich Anhaltspunkte gewähren, wie unterirdisch verlegte Kabel zu belasten sind und welche Temperaturen bei Überschreitung der Ziffern erwartet werden können. In Streitfällen soll die Tabelle einen Maßstab geben, welche Belastungswerte als normal angesehen werden müssen.

Die Tabellenwerte bezeichnen auch hier die höchst zulässige Stromstärke für Dauerbetrieb. Von der Art des dem Kabel vorgeschalteten Schutzapparates wird es abhängen, wie weit in Wirklichkeit diese Werte ausgenutzt werden können. Auch hier gilt daher das bereits oben Gesagte. Bei der Verwendung von Schmelzsicherungen wird man, damit eine sichere Abschaltung der Kabel bei Überschreitung der maximal zulässigen Stromstärke erfolgt, die Nennstromstärke der zugehörigen Sicherung als passenden Bruchteil der in der Tabelle gegebenen Maximalstromstärke bemessen.

Die Aufzählung derjenigen Fälle, in denen ungünstigere Abkühlungsverhältnisse vorliegen, als sie bei der Berechnung der Tabelle zugrunde gelegt sind, konnte nicht erschöpfend sein. Es wird jeweils besonderer Überlegung bedürfen, um festzustellen, wann ungünstige Verhältnisse vorliegen. Der Berechnung der Belastungstabelle ist imprägnierte Papierisolierung zugrunde gelegt. Gummikabel erwärmen sich bei der gleichen Stromstärke und denselben äußeren Verhältnissen erheblich stärker, auch wird, wie bereits bei der Belastungstabelle für Installationsleitungen ausgeführt wurde, Gummiisolierung bei Temperaturen über 50° C leicht in Mitleidenschaft gezogen. Es ist daher auch bei Gummibleikabeln zu empfehlen, auf drei Viertel der in der Tabelle angegebenen Werte herabzugehen.

Ist ein Kabel teilweise in Luft, teilweise in Erde verlegt, wie z. B. bei Zuleitungen in Maschinenhäusern oder bei Verbindungsleitungen zwischen dem Generatorhaus und dem Schalthaus, die in größeren Kraftstationen neuerdings häufig räumlich getrennt angeordnet werden, so wird man im allgemeinen die Belastungswerte für denjenigen Verlegungsfall zugrunde legen, der für den längeren Teil des Kabels in Betracht kommt. Indessen soll auch hier die Angabe der Normalien, wie aus dem Wortlaut bereits hervorgeht, nur einen Rat enthalten, wie die zulässige Belastung ungefähr zu wählen ist. Bei der außerordentlichen Verschiedenheit der Abkühlungsverhältnisse konnte eine in zwingende Form gekleidete Vorschrift hier gar nicht gegeben werden.

Die der Tabelle zugrunde gelegte Übertemperatur von 25° C stellt einen Kompromiß zwischen den Forderungen der Kabelverbraucher und denen der Kabelfabrikanten dar. Tatsächlich hatten im Jahre 1903 im Städtischen Elektrizitätswerk zu München angestellte Versuche das Resultat ergeben, daß die Durchschlagsfestigkeit dort benutzter Kabel mit steigender Temperatur zunahm. Es scheint indessen verfehlt, aus diesen Beobachtungen eine allgemein gültige Regel herzuleiten. Wird ein verlegtes Kabel zu stark erwärmt, so kann es vorkommen, daß die Imprägniermasse des Papiers in die untere Hälfte des Kabels abfließt und in dem nach oben gelegenen Teil des Papiers eine Verarmung an Imprägniermasse erfolgt. Ganz besonders leicht kann diese Erscheinung auftreten, wenn das Kabel auf abfallendem Terrain verlegt ist. Dadurch kann aber in längerer Zeit eine Gefährdung der Durchschlagsicherheit eintreten. Es ist daher ganz besonders bei Kabeln für sehr hohe Spannungen davon abzuraten, die Belastung so hoch zu treiben, daß die Temperatursteigerung von 25° C überschritten wird.

Höchststrom in Ampere für intermittierenden Betrieb.

Querschnitt in mm²	berechnet für $\frac{a}{P}=0.5$; $a=1$ Min.		berechnet für $\frac{a}{P}=0.2$; $a=1$ Min.	
	Einfachkabel bis 750 Volt	Dreifachkabel bis 750 Volt	Einfachkabel bis 750 Volt	Dreifachkabel bis 750 Volt
4	75	51	105	83
6	95	65	135	105
10	130	90	185	145
16	180	120	260	190
25	235	155	350	245
35	295	190	435	300
50	365	230	450	370
70	445	280	680	445
95	540	340	830	535
120	635	395	970	630
150	720	445	1100	700
185	810	510	1250	800
240	950	590	1450	940
310	1110	690	1710	1100
400	1280	810	1990	1280
500	1460		2270	
625	1680		2620	
800	1950		3030	
1000	2240		3480	

90 Isolierte Starkstromleitungen: Erläuterungen (35).

Die Ausführungen, die über intermittierende Betriebe auf Seite 85 gemacht wurden, gelten auch für Bleikabel. Die umstehend angeführte Tabelle für Einfachkabel bis 750 Volt und für verseilte Dreileiterkabel bis 750 Volt gibt wieder für je zwei charakteristische Fälle die mögliche Erhöhung der zulässigen Stromstärken für intermittierenden Betrieb an.

35. Da Aluminiumkabel in neuerer Zeit, besonders bei Straßenbahnanlagen wiederholt Verwendung fanden, lag ein Bedürfnis für die Schaffung einer Belastungstabelle auch für Aluminiumleitungen vor. Die Belastungstabelle ist gleichfalls auf Grund der Formel auf Seite 87 berechnet worden und gilt unter denselben Voraussetzungen wie die Belastungstabellen für Kabel mit Kupferleiter.

Für Leiter aus anderen Metallen können bei gleicher zulässiger Erwärmung die Belastungsstromstärken aus denen für Kupfer dadurch abgeleitet werden, daß deren Werte dividiert werden durch die Quadratwurzel aus dem Verhältnis der Leitfähigkeit des Kupfers zu der des anderen Metalls. Für Eisen beträgt dieser Divisor 2,8, für Zink 1,9.

III. Normalien für isolierte Leitungen in Fernmeldeanlagen (Schwachstromleitungen).

A. Einleitung.

Während die Vorschriften und Normalien des Verbandes Deutscher Elektrotechniker sich bis zum Jahre 1914 ausschließlich auf Starkstromanlagen erstreckten, wurden in diesem Jahre zum erstenmal auch für Schwachstromanlagen durch Annahme der Leitsätze für die Errichtung elektrischer Fernmeldeanlagen (Schwachstromanlagen) Bestimmungen geschaffen. Diese Leitsätze gelten für Telegraphen-, Telephon-, Signal-, Fernschaltungs- und ähnliche Anlagen, mit Ausnahme der öffentlichen Verkehrsanlagen der Eisenbahn- und Telegraphenverwaltungen. Fernmeldeanlagen oder Teile von solchen, die mit Licht oder Kraftanlagen durch Leitung verbunden sind, unterliegen den Vorschriften für die Errichtung elektrischer Starkstromanlagen. In einer besonderen Bemerkung zu § 1 der Leitsätze ist die Einführung des Wortes „Fernmeldeanlagen" wie folgt begründet:

„Der Ausdruck „Schwachstrom" gestattet keine klare Abgrenzung gegenüber dem Begriff „Starkstrom", da eine Grenze zwischen den beiden Begriffen auf Grund von Spannungs- oder Stromangaben festzustellen unmöglich ist. Es ist daher beschlossen worden, den Begriff „Schwachstromanlagen" durch das Wort „Fernmeldeanlagen" auszudrücken, da durch dieses Wort eine nicht auf Spannungs- oder Stromangaben beruhende Begriffserklärung möglich ist. „Fernmeldeanlagen" sind in allen Fällen solche Anlagen, bei welchen es sich um die elektrische Fernmeldung (Übertragung) von Vorgängen, Wahrnehmungen, Willens- oder Gedankenäußerungen handelt. Das Wort „Fern" drückt hierbei nicht ein bestimmtes Maß aus, da die elektrische Fernmeldung auch auf ganz geringe Entfernung stattfinden kann."

Das Bedürfnis zur Aufstellung der Leitsätze war in den Kreisen der elektrotechnischen Installationsfirmen lebhaft geworden, nachdem die Fernmeldetechnik durch immer weitere Ausdehnung der Signalanlagen, Fernmeldeanlagen, Privat-Telegraphen- und Privat-Fernsprechanlagen ständig weitere Gebiete des öffentlichen, gewerblichen und häuslichen Lebens durchdrungen hatte. Wenn auch bei den verhältnismäßig geringen Energiemengen, die zur Betätigung von Fernmeldeanlagen benötigt werden, der Gesichtspunkt einer Gefährdung von Personen und Sachen weniger in den Vordergrund tritt, wie es bei elektrischen Starkstromanlagen der Fall ist, so kam man doch immer mehr zur Erkenntnis, daß auch Fernmeldeanlagen in vielen Fällen zu außerordentlich wichtigen Funktionen berufen sind. Von der Betriebssicherheit einer Feuermeldeanlage, von der ständigen Bereitschaft einer Privatfernsprechanlage kann unter Umständen die Erhaltung wichtiger und erheblicher Werte abhängen. Der Fernmeldeindustrie bot der Mangel aller feststehenden Regeln für die Ausführung von Fernmeldeanlagen Schwierigkeiten. Für den Besteller bestand vielfach die Unmöglichkeit, die verschiedenen, auf gänzlich abweichenden Grundlagen beruhenden Angebote zu [vergleichen.

Einen überaus wesentlichen und wichtigen Bestandteil elektrischer Fernmeldeanlagen bilden die Leitungen. Die Bestimmungen über die Errichtung der Anlagen wären daher Stückwerk geblieben, wenn nicht zugleich auch über die Ausführung der Leitungen ähnliche Vorschriften gegeben worden wären, wie sie für Starkstromanlagen bestehen. Diesen Erwägungen entsprang die Aufstellung der Normalien für isolierte Leitungen in Fernsprechanlagen, die im wesentlichen Ausführungsbestimmungen zu § 8 der Leitsätze für die Errichtung elektrischer Fernmeldeanlagen darstellen. Die Normalien wurden im zweiten Halbjahr 1913 und Frühjahr 1914 von einem besonderen Unterkomitee der Kommission für Fernmeldeanlagen ausgearbeitet, dem der Verfasser als Vertreter der Draht- und Kabel-Kommission angehörte. Die Normalien sind zwar seit dem 1. Juli 1914 in Kraft getreten, es hat sich jedoch wegen des unmittelbar darauf ausgebrochenen Krieges bisher kaum Gelgenheit zur praktischen Anwendung ergeben. Unter diesen Umständen fehlen auch weitergehende Erfahrungen darüber, ob die getroffenen Bestimmungen den Anforderungen der Praxis schon ganz entsprechen, oder ob Abänderungen erforderlich sein werden.

Der wichtigste Zweck der Normalien wurde darin erblickt, die Vielheit der bisher vorhandenen Drahttypen auf wenige erprobte Bauarten zu beschränken und auch innerhalb der einzelnen Gattungen nach Möglichkeit nur die wirklich notwendigen Leitungsdurchmesser zuzulassen. Kaum auf einem anderen Gebiete der Installationstechnik hatte der Geschmack des einzelnen Installateurs oder der liefernden Fabrikationsfirma so viele in ihrer technischen Wirkung häufig nicht unterschiedene, oft aber auch sehr unzweckmäßige und technisch minderwertige Abarten geschaffen, wie bei den Fernmeldeleitungen.

Entgegen den Gebräuchen bei Starkstromleitungen sind in der Schwachstromtechnik keine bestimmten Normalquerschnitte eingeführt, die Drahtstärken werden vielmehr nach den Durchmessern bezeichnet. Da diese Gewohnheit in den Kreisen der Praxis lange eingeführt ist, blieb sie trotz ihrer geringen Zweckmäßigkeit zunächst unverändert.

Die Drahtsorten sind in den Normalien in aufsteigender Reihenfolge mit Rücksicht auf das Verwendungsgebiet angeordnet, so daß der am schwächsten zu beanspruchende Asphaltdraht zuerst, der den höchsten Anforderungen entsprechende Gummiaderdraht zuletzt kommt. Der Draht mit Papierisolierung sowie der Draht mit Lack- und Faserstoffisolierung stellen Ausführungsformen dar, die erst innerhalb der letzten Jahre in die Installationspraxis eingeführt wurden, die sich aber durch Brauchbarkeit und billigen Preis bewährt haben. Diese beiden Drähte werden insbesondere berufen sein, als Ersatz für den früher vielfach benutzten Guttaperchadraht zu dienen, der in die Normalien nicht aufgenommen worden ist.

Die sogenannten Guttaperchadrähte galten bis vor kurzem als ein kaum ersetzbares Material für die Verlegung unter Putz. Wenn auch zweifellos früher die zur Isolierung verwendete Guttapercha von einwandfreier Beschaffenheit war, so hat sich unter dem Drucke der ständig herabgegangenen Verkaufspreise nach nahezu übereinstimmender Ansicht der Installationsfirmen das neuerdings zur Verwendung kommende Material im allgemeinen so verschlechtert, daß dasselbe vielfach nur noch dem Namen nach als Guttapercha bezeichnet werden kann. Häufig fanden sich sogenannte Guttaperchadrähte, bei denen bereits nach kürzerer Zeit die Isolierung verhärtet war, infolgedessen in kleine Stückchen zerbrach und perlenartig um den Draht hing. Es erschien daher zunächst als unabweisbare Forderung, bestimmte Bedingungen über die Zusammensetzung und Eigenschaft der Guttapercha-Isolierung in die Normalien aufzunehmen, wenn die Leitungen überhaupt beibehalten werden sollten. Auf Grund sehr eingehender Beratungen ergab sich indessen, daß eine allen Anforderungen entsprechende und unschwierig nachzuprüfende Bestimmung über die Beschaffenheit der Guttapercha sich nicht finden ließ. Da die Vertreter der Behörden und die Mehrzahl der Installationsfirmen auf die Guttaperchaleitungen verzichten zu können erklärten, wurde mit großer Mehrheit beschlossen, die Guttaperchaleitungen, als für die Ausführung sachgemäß installierter Fernmeldeanlagen entbehrlich, aus den Normalien fortzulassen.

In der äußeren Form sind, soweit die Verschiedenheit des Gegenstandes dies zuließ, die Normalien den entsprechenden Vorschriften für Starkstromleitungen nachgebildet worden. Da viele Begriffe und Fragen sich hier wiederholen, können die Erläuterungen für Starkstromleitungen vielfach herangezogen werden.

B. .Wortlaut.

Normalien für isolierte Leitungen in Fernmeldeanlagen (Schwachstromleitungen).

Aufgestellt vom V. D. E. in Gemeinschaft mit dem Verband der elektrotechnischen Installationsfirmen in Deutschland. Gültig ab 1. Juli 1914.[1])

Allgemeines.

1. Das zu den isolierten Leitungen verwendete Kupfer muß den Kupfernormalien des Verbandes Deutscher Elektrotechniker entsprechen.

   Werden mehrere isolierte Leitungen miteinander verseilt, so sind die einzelnen Leitungen so zu kennzeichnen, daß sie ohne weiteres voneinander zu unterscheiden sind. Dies kann durch die Farbe der Umklöpplung, Umspinnung usw., durch Einlegen farbiger Fäden oder durch Verzinnung des Leiters geschehen. Ebenso sollen sich die Einzeladern mehradriger Kabel unterscheiden. Sind die Adern in konzentrischen Lagen angeordnet, so genügt es, wenn in jeder Lage eine Ader als Zählader kenntlich gemacht wird; die zu einem Adernpaare vereinigten Adern müssen unter sich ebenfalls zu unterscheiden sein.

1. Asphaltdraht,

geeignet zur festen Verlegung in dauernd trockenen Räumen über Putz.

Bezeichnung: A

2. Der Leiter besteht aus einem massiven Kupferdraht und wird doppelt mit Baumwolle in entgegengesetzter Richtung umsponnen; die erste Umspinnung wird asphaltiert, die zweite gewachst oder paraffiniert. Als Mehrfachleitungen dürfen die Drähte nicht benutzt werden. Durchmesser und Gewicht der Drähte müssen der folgenden Tabelle entsprechen.

---

[1]) Angenommen auf der Jahresversammlung 1914. Ver öffentlicht: „ETZ" 1914, S. 486.

Durchmesser des Kupferleiters mm	Durchmesser der fertigen Leitung mindestens mm	Auf 1 kg fertigen Leitungsdrahtes entfallen mindestens m
0,8	1,6	125
0,9	1,7	110

2. Draht mit Papierisolierung,

geeignet zur festen Verlegung in dauernd trockenen Räumen über Putz.

Bezeichnung: P

3. Der Leiter besteht aus massivem Kupferdraht von mindestens 0,8 mm Durchmesser. Er erhält eine Papierumhüllung, die mit Isoliermasse zu tränken ist, und darüber eine in geeigneter Weise imprägnierte, die Papierumhüllung völlig deckende Umspinnung. Über dieser ist eine zweite, entgegengesetzt verlaufende Umspinnung oder eine Umklöpplung aus Baumwolle oder gleichwertigem Material anzubringen, die gleichfalls in geeigneter Weise imprägniert sein muß. Die Isolierhülle darf nicht brechen, wenn der Draht bei Zimmertemperatur in eng aneinander liegenden Spiralwindungen um einen Dorn von fünffachem Durchmesser gewickelt wird.

Die Drähte müssen gegeneinander in trockenem Zustande einer halbstündigen Durchschlagsprobe mit 500 V Wechselstrom widerstehen können. Bei Prüfung einfacher Drähte sind zwei 5 m lange Stücke zusammenzudrehen.

3. Draht mit Lack- (Emaille-) und Faserstoffisolierung,

geeignet zur festen Verlegung in trockenen Räumen über Putz oder in Rohr unter Putz.

Bezeichnung: L

4. Der Leiter besteht aus massivem Kupferdraht von mindestens 0,8 mm Durchmesser und wird mit einer dichten Lackschicht überzogen. Diese darf weder Risse bekommen noch abspringen, wenn der Draht in eng aneinander liegenden Spiralwindungen um einen Dorn von fünffachem Durchmesser gewickelt wird. Der Lackdraht erhält zwei Umhüllungen aus Faserstoff, deren äußere aus

Baumwolle oder Seide besteht. Die Umhüllungen müssen mit Isoliermasse getränkt sein.

Die Drähte müssen in trockenem Zustande einer halbstündigen Durchschlagsprobe mit 500 V Wechselstrom widerstehen können. Bei Prüfung einfacher Drähte sind zwei 5 m lange Stücke zusammenzudrehen.

4. Gummiaderdraht,

geeignet zur festen Verlegung über Putz oder in Rohr unter Putz.

Bezeichnung: Z

5. Der Leiter besteht aus massivem, feuerverzinntem Kupferdraht, der mit einer Umhüllung aus vulkanisiertem Gummi von roter Farbe[1]) zu versehen ist. Darüber erhält die Ader eine in geeigneter Weise imprägnierte Umklöpplung aus Baumwolle oder gleichwertigem Material. Durchmesser und Gewicht des Drahtes müssen der folgenden Tabelle entsprechen:

Durchmesser des Kupferleiters mm	Stärke der Gummihülle mindestens mm	Durchmesser der fertigen Einzelleitung mindestens mm
0,8	0,5	2,3
0,9	0,5	2,4
1,0	0,6	2,8
1,2	0,6	3,0
1,5	0,6	3,3

Die Gummihülle der fertigen Leitung muß folgender Zusammensetzung entsprechen:

Mindestens 33,3 % Kautschuk, der nicht mehr als 6 % Harz enthalten darf,

höchstens 66,7 % Zusatzstoffe einschließlich Schwefel.

Von organischen Füllstoffen ist nur der Zusatz von Zeresin (Paraffin-Kohlenwasserstoffen) bis zu einer Höchstmenge von 3 % gestattet. Das spezifische Gewicht des Adergummis soll mindestens 1,5 betragen.

---

[1]) Die rote Färbung ist vorgeschrieben, damit die Gummiaderdrähte für Fernmeldeanlagen von dem gleichen Material für Starkstromanlagen, das eine stärkere Gummihülle hat, leicht zu unterscheiden sind.

Die Drähte müssen in trockenem Zustande gegeneinander einer halbstündigen Durchschlagsprobe mit 1000 V Wechselstrom widerstehen können. Bei Prüfung einfacher Drähte sind zwei 5 m lange Stücke zusammenzudrehen.

5. Kabel ohne Bleimantel,

geeignet für die gleichen Zwecke wie die Einzeldrähte, aus denen das Kabel zusammengesetzt ist.

Bei der Vereinigung mehrerer Drähte zu einem Kabel sollen die einzelnen Adern den vorstehend (unter Nr. 2 bis 4) dafür festgesetzten Bedingungen entsprechen; der Durchmesser des Kupferleiters kann jedoch bis auf 0,6 mm ermäßigt werden, auch kann die Umklöpplung der einzelnen Adern durch eine Umspinnung ersetzt werden. Es ist auch eine Isolierung der Adern durch Baumwolle oder Seide zulässig. In diesem Fall soll das Gewicht der Seide bei einem Kupferleiter von 0,6 mm Durchmesser nicht weniger als 190 mg auf 1 m Aderlänge betragen. Die Gummiadern können in den Kabeln statt der Umklöpplung oder Umspinnung eine Umwicklung mit imprägniertem Bande haben.

Die Kabeladern sind durch gemeinsame Umwicklung mit Band, durch Umspinnung oder Umklöpplung, zusammenzufassen.

6. Kabel mit Bleimantel.

Die Kabel müssen den Bestimmungen unter Nr. 5 entsprechen, jedoch darf bei Kabeln mit Papierisolierung die Umspinnung und Tränkung der Adern fortfallen. Im übrigen müssen die Kabel der nachstehenden Tabelle entsprechen, und zwar gelten für

blanke Bleikabel die Spalten 1 und 2,
asphaltierte Bleikabel die Spalten 1 bis 4,
bewehrte asphaltierte Bleikabel die Spalten 1 bis 8.

Zur Prüfung des Bleimantels sollen die Kabel mindestens 12 Stunden unter Wasser gelegt werden.

Der Isolationswiderstand für 1 km Leitung muß bei 15° C mindestens 100 Megohm betragen. Die Messung hat nach zwölfstündigem Liegen in Wasser zu erfolgen. Hierbei sind sämtliche Adern, abgesehen von derjenigen, die gerade gemessen wird, sowie der Bleimantel und die Bewehrung zu erden.

Kabel mit Bleimantel.

Durchmesser des Kabels unter dem Bleimantel mm	Mindeststärke des Bleimantels bei unbewehrten Kabeln mm	Mindeststärke des Bleimantels bei bewehrten Kabeln mm	Bedeckung des Bleimantels Material mm	Bedeckung des Bleimantels Dicke mm	Bewehrung Blechstärke mm	Bewehrung Drahtstärke mm	Bedeckung der Bewehrung Material mm	Bedeckung der Bewehrung Stärke mm
1	2	3	4	5	6	7	8	9
5	0,8	1,0		1,0	—	Runddrähte 1,4		1,5
8	1,0	1,0		1,0	—	1,4		1,5
10	1,2	1,1	Gut imprägniertes Papier oder anderer säurefrei imprägnierter Faserstoff	1,0	2×0,5	Flachdrähte 1,4	Gut säurefrei imprägnierter Faserstoff	1,5
12	1,3	1,2		1,0	2×0,5	1,4		1,5
14	1,4	1,3		1,0	2×0,5	1,4		1,5
16	1,5	1,4		1,0	2×0,5	1,4		1,5
18	1,6	1,5		1,0	2×0,5	1,4		1,5
20	1,7	1,6		1,2	2×0,8	1,4		1,5
23	1,8	1,7		1,2	2×0,8	1,4		1,5
26	1,9	1,7		1,2	2×0,8	1,4		1,5
29	2,0	1,8		1,2	2×0,8	1,7		1,5
32	2,1	1,8		1,2	2×0,8	1,7		1,5
35	2,2	1,8		1,2	2×1,0	1,7		1,5
38	2,3	1,9		1,5	2×1,0	1,7		1,5
41	2,4	1,9		1,5	2×1,0	1,7		2,0
44	2,5	2,0		1,5	2×1,0	1,7		2,0
47	2,6	2,0		1,5	2×1,0	1,7		2,0
50	2,7	2,1		1,5	2×1,0	1,7		2,0
54	2,8	2,2		2,0	2×1,0	1,7		2,0
58	2,9	2,3		2,0	2×1,0	1,7		2,0
62	3,0	2,4		2,0	2×1,0	1,7		2,0
66	3,1	2,5		2,0	2×1,0	1,7		2,0
70	3,2	2,6		2,0	2×1,0	1,7		2,0

7. Schnüre,

8. geeignet zum Anschließen beweglicher Kontakte.

Bezeichnung: BS

Die Kupferseele besteht aus verseilten Drähten von höchstens 0,2 mm Durchmesser. Der Gesamtquerschnitt der Kupferseele muß mindestens 0,3 mm² betragen. Die Kupferseele wird mit

Baumwollängsfäden umgeben und dann mit Glanzgarn oder Seide umsponnen oder umklöppelt. Zwei oder mehr solcher Adern sind miteinander oder mit einer Tragschnur zu verseilen.

C. Erläuterungen.

1. Um eine Kennzeichnung derjenigen Leitungen zu schaffen, die den Normalien entsprechen, werden auch die Fernmeldeleitungen mit einem Kennfaden ausgerüstet, und zwar ist auf Grund einer Vereinbarung zwischen dem Verbande elektrotechnischer Installationsfirmen in Deutschland und der Vereinigung der Fabrikanten isolierter Leitungen der gleiche weiße Faden, den auch Starkstromleitungen besitzen, für die Fernmeldeleitungen vorgesehen worden. Eine Verwechselungsgefahr kann nicht bestehen, da die meisten Drahtsorten der Fernmeldeleitungen sich ihrer Konstruktion nach grundsätzlich von den Starkstromleitungen unterscheiden und für die Gummiaderdrähte, die einzigen, bei denen allenfalls ein Irrtum möglich wäre, Rotfärbung der Gummimischung bei den Fernmeldeleitungen vorgeschrieben, bei den Starkstromleitungen aber verboten ist. Neben dem weißen Kennfaden werden die Leitungen auch die Firmenkennfäden enthalten, die in der von der Vereinigung der Elektrizitätswerke für Starkstromleitungen enthaltenen Tabelle vorhanden sind. Die Kennzeichnung wurde von vornherein für notwendig erachtet, weil nur dadurch eine Kontrolle über die Innehaltung der Vorschriften ermöglicht werden kann.

Zu Fernmeldeleitungen soll ausschließlich Kupfer verwendet werden. Häufig wurden bisher auch eiserne Drähte benutzt, denen durch einen dünnen Kupferüberzug das Aussehen von Kupferdrähten gegeben wurde. Auch der Verwendung von Aluminium wurde widersprochen, weil Wert darauf zu legen ist, daß eine genügende mechanische Festigkeit vorhanden ist.

Es ist ein charakteristisches Merkmal der Fernmeldeanlagen, daß sehr häufig die für die Schaltanordnungen notwendige größere Anzahl von Leitungen zu einem Drahtbündel oder Kabel vereinigt werden muß. Um die Aufteilung dieser Vielfachleitungen an den Verbindungs- und Abzweigstellen einwandfrei zu ermöglichen, ist besonderer Wert auf die Kennzeichnung und Unterscheidung der Einzeladern bei Vielfachleitungen zu legen. Die angegebenen Merkmale der verschiedenen Färbung, Beigabe von Fäden oder Verzinnung eines Leiters, sollen nicht eine erschöpfende Aufzählung darstellen. In gewissen Fällen können sich auch andere Unterscheidungsmerkmale als geeignet erweisen. Beispielsweise ist es zulässig, bei Verseilung zweier Adern zu einer Doppelader die eine Ader etwa durch einen spiralig umgelegten Faden gegenüber der anderen kenntlich zu machen.

2. Der Asphaltdraht stellt die geringstwertige Sorte eines isolierten Drahtes dar, da er lediglich eine schwache Faserstoffumhüllung besitzt, die weder mechanisch beansprucht wird, noch den Einwirkungen von Feuchtigkeit dauernd Widerstand zu leisten vermag. Aus diesem Grunde bleibt die Verwendung des Asphaltdrahtes auf Verlegung in dauernd trockenen Räumen über Putz beschränkt. Die feste Verlegung ist auch hier, ähnlich wie bei den Starkstromleitungen, in Gegensatz gestellt zum Anschluß beweglicher Kontakte oder ortsveränderlicher Apparate, z. B. Fernsprechtischapparaten, Druckkontakten für Klingeln und ähnliches. Der Asphaltdraht darf nur massive Leiter besitzen. Litzenförmige Ausführung ist nicht zulässig, weil hierbei durch Brechen eines dünnen Drähtchens ein Durchstechen der Isolierhülle zu leicht eintreten könnte. Zudem besteht bei der Beschränkung des Drahtes auf feste Verlegung kein Bedürfnis nach einer besonders biegsamen Ausführungsform. Als Isolierung sind zwei Baumwollumspinnungen vorgeschrieben.

Die Asphaltierung der untersten Hülle soll wenigstens eine gewisse Beständigkeit gegen Feuchtigkeit gewähren, da asphaltierte Baumwolle der Aufnahme von Feuchtigkeit besonders gut widersteht. Zu diesem Zweck ist der Draht unmittelbar nach dem Aufbringen der ersten Umspinnung durch eine asphaltartige Tränkmasse von solcher Beschaffenheit hindurchzuziehen, daß die Baumwollfaser möglichst durch und durch getränkt wird. Das Wachsen oder Paraffinieren der Deckschicht soll dem Draht eine glatte Oberfläche geben und der Baumwollfaser einen möglichst guten Zusammenhalt. Das Verbot, Asphaltdrähte als Mehrfachleitungen zu benutzen, ist dadurch begründet, daß bei der Verseilung der Drähte leicht eine Verletzung der dünnen Isolierhülle auftreten kann. Die Stärke der verwendeten Baumwolle ist dadurch gegeben, daß auf 1 kg eine Mindestlänge isolierten Drahtes entfallen muß. Durch diese Bestimmung wird der früher oft angewendeten künstlichen Beschwerung des Drahtes vorgebeugt, die deswegen angewendet wurde, weil es handelsüblich ist, Asphaltdraht nach Gewicht und nicht nach Länge zu kaufen.

Die für den Asphaltdraht vorgesehenen zwei Durchmesser von 0,8 und 0,9 mm werden für alle vorkommenden Fälle als ausreichend erachtet. Drähte mit anderen Durchmessern entsprechen den Normalien nicht.

3. Der massiv herzustellende Leiter muß einen Durchmesser von mindestens 0,8 mm besitzen. Größere Durchmesser in beliebigen Abstufungen sind zulässig. Die Beschränkung auf 0,8 mm ist durch mechanische Rücksichten geboten, da häufig beobachtet wurde, daß schwächere Drähte bei der Installation zerreißen. Eine

Beschränkung nach oben schien hier nicht angebracht, da der P-Draht auch für umfangreichere Installationen benutzt werden soll, vor allem auch in Kabeln Verwendung findet, wobei unter Umständen sehr große Längen auftreten. Die Papierumhüllung soll aus einem spiralig um den Draht mit hinreichender Überlappung gewickelten Papierstreifen bestehen. Das Papier darf weder so dünn sein, daß es bei Beanspruchungen des Drahtes zerreißt, noch so stark, daß es die Biegungsfähigkeit beeinträchtigt. 0,10 mm bis 0,15 mm, je nach dem Durchmesser des Drahtes, dürfte eine angemessene Stärke sein. Die Tränkung mit Isoliermasse soll das Papier unhygroskopisch machen und seinen Isolationswiderstand erhöhen. Die Papierstreifen können vor der Umwicklung imprägniert sein oder, was ein besseres Fabrikat ergibt, der Draht kann nach dem Umwickeln mit Papier getrocknet und dann in ähnlicher Weise, wie es bei Kabeln der Fall ist, getränkt werden. Wird eine zweite Papierumhüllung angebracht, so soll sie zweckmäßig in entgegengesetzter Richtung wie die erste, um den Draht gewickelt sein. Die unmittelbar über der Papierumwicklung liegende Umspinnung soll jene an den Leiter fest andrücken und ein Aufdrehen verhindern. Die zweite Faserstoffumhüllung bildet den mechanischen Abschluß für die Leitung. An Stelle der Baumwolle können Hanf, Jute oder ähnliche Materialien benutzt werden. Eine Umklöpplung ist dann vorzuziehen, wenn die Leitung besonders starken Zugbeanspruchungen ausgesetzt ist. Die Biegeprobe soll verhindern, daß ein zu starkes unzweckmäßiges Papier und eine ungeeignete zum Bruch neigende Imprägniermasse verwendet wird. Stark paraffinhaltige Massen würden zum Versagen der Biegeprobe führen. Für die Imprägnierung der äußeren Faserstoffumhüllung sind wachshaltige Massen geeignet, die der ganzen Leitung auch äußerlich ein sauberes Ansehen verleihen.

P-Drähte können auch als Mehrfachleitungen verwendet werden. Die verschiedenen, für Mehrfachleitungen bekannten Ausführungsformen sind hierbei zulässig. Werden zwei Leitungen nebeneinander gelegt, so können beide Leitungen innerhalb einer gemeinsamen Umklöpplung angeordnet sein. Die zweite Umspinnung oder Umklöpplung der Einzeladern kann in diesem Falle wegbleiben.

Da der P-Draht gegenüber dem Asphaltdraht eine höhere Stufe der Leitung darstellen soll, schien eine Prüfung am Platze.

4. Der Lacküberzug bildet eine zusätzliche Isolierung, die besonders widerstandsfähig gegen Feuchtigkeit ist. Nicht jeder beliebige Lacküberzug ist verwendbar. Es sollen vielmehr die seit etwa 10 Jahren bereits im Apparatebau, insbesondere für Spulenwicklungen bekannten sogenannten Emailledrähte als Ausgangsprodukt benutzt werden. Die Aufbringung des Lacküberzuges auf diese Drähte geschieht nach ganz besonderen Verfahren, durch die Zähigkeit, festes Anhaften am Metall, sowie große Biegsamkeit gewährleistet ist. Um die Erfüllung dieser an den Lacküberzug zu stellenden Anforderungen zu sichern, ist die Wickelprobe vorgeschrieben. Von den beiden Faserstoffumhüllungen, die der Lackdraht als zusätzliche Isolation und zum mechanischen Schutz der Lackhülle erhalten soll, kann die innere aus beliebigen Faserstoffen, also auch aus Papier hergestellt werden. In diesem Falle gelten ähnliche Vorschriften wie bei dem Draht mit Papierisolierung. Besteht die innere Hülle ebenso wie die äußere aus einer Baumwollumspinnung, so müssen beide Umspinnungen in entgegengesetztem Sinne verlaufen. Im übrigen ist der Ausführungsform der Faserstoffumhüllungen keine Beschränkung gesetzt, es können also auch zwei Umklöpplungen oder eine Umspinnung und eine Umklöpplung angewandt werden. Wichtig ist, daß die zur Tränkung der Faserstoffhülle verwendete Isoliermasse die Lackisolation nicht angreift. Von gebräuchlichen Imprägniermittel wirken Paraffin, Ceresin, Bienenwachs und Gudron auf die Lackschicht im allgemeinen nicht zerstörend ein. Dagegen sind Öle aller Art und petroleumhaltige Massen zu vermeiden, da sie die Lackschicht erweichen.

5. Die Bezeichnung Z rührt davon her, daß Draht entsprechender Bauart von der Reichspostverwaltung als Zimmerleitungsdraht zum Anschluß der Fernsprechapparate benutzt wird und infolgedessen im behördlichen Verkehr die Bezeichnung Z-Draht erhalten hat.

Der Gummidraht stellt das höchstwertige Installationsmaterial für die Fernmeldetechnik dar, soweit es sich um einzeln verlegte Leitungen handelt. Sein Aufbau ist dem einer Starkstromleitung nachgebildet. Die Gummihülle ist unmittelbar, also ohne Zwischenlage einer Baumwollumspinnung, auf den massiven, feuerverzinnten Kupferleiter aufzubringen. Die Rotfärbung der Gummimischung erwies sich als notwendig, um ein sicheres Unterscheidungsmerkmal gegenüber ähnlichen Typen der Starkstromleitungen zu gewähren. Die Rotfärbung darf nicht etwa durch einen roten Anstrich oder eine Umhüllung mit einem rot gefärbten Bande bestehen, der Gummi ist vielmehr durch und durch rot zu färben, was durch Zusatz gewisser Füllmittel ohne Schwierigkeit zu erreichen ist.

Andere Kupferdurchmesser als die in der Tabelle aufgeführten sind nicht zulässig. Die Wandstärken der Gummihüllen sind durch mechanische Rücksichten bedingt, da der Z-Draht unmittelbar über der Gummihülle die Umklöpplung erhält. Es läge somit eine Gefahr für die Gummihülle vor, wenn dieselbe zu schwach sein würde. Über die Beschaffenheit der Gummimischung gilt das unter Nr. 4 bei den Normalien für Starkstromleitungen Gesagte.

6. Kabel, d. h. zu einem konstruktiv einheitlichen Gebilde zusammengefaßte Draht- oder Leitungsbündel finden in der Fernmeldetechnik vielfach Anwendung. Bei der Verschiedenheit der Bauarten, wie sie durch örtliche Verhältnisse und die Besonderheiten des Betriebes bedingt ist, schien es ratsam, die Normalien hierfür auf grundsätzliche Bestimmungen zu beschränken, im übrigen aber für die Art der Isolierung und den übrigen Aufbau des Kabels möglichste Freiheit zu lassen. Andere Drähte, als wie sie für die Einzelleitungen normalisiert sind, sollen im allgemeinen auch in Kabeln nicht verwendet werden. Die Herabsetzung des kleinsten Kupferdurchmessers bis auf 0,6 mm erschien unbedenklich, da mechanische Beanspruchungen des einzelnen Drahtes in einem Kabel kaum vorkommen. Aus denselben Erwägungen kann auch die Umklöpplung durch die mechanisch weniger widerstandsfähige Umspinnung ersetzt werden. Baumwolle und Seide in geeigneter Weise imprägniert, sind beliebte Isolierstoffe für sogenannte Klinkenkabel, die zur Herstellung der Schaltverbindungen in Fernsprechämtern in großen Mengen benutzt werden. Als Isolierung eines einzelnen Drahtes sind Baumwolle und Seide nicht zweckmäßig, deswegen wurden diese Isolierstoffe bei den Einzelleitungen außer Acht gelassen. Im Kabel bieten sie Vorteile, weil sie bei sehr geringer Dicke der Hülle doch eine reichlich gute Isolierung gewähren, besonders wenn sie mit geeigneten Imprägniermitteln getränkt sind. Um jedoch eine ausreichende Isolierung auf jeden Fall zu sichern, wurde ein Mindestgewicht für die Seide vorgesehen, wobei selbstverständlich zu beachten ist, daß die Seide keinen künstlichen Beschwerungen unterzogen werden darf. Es kann sowohl Naturseide wie Kunstseide benutzt werden.

Die die Kabeladern umgebende gemeinsame Schutzhülle wird zweckmäßig, wenn das Material selbst nicht feuchtigkeitssicher ist, mit einer geeigneten Imprägnierung versehen. Im übrigen ist über die Bauart der Hülle nichts vorgeschrieben. Sie soll den Anforderungen des jeweiligen besonderen Verwendungszwecks nach Stoff und Ausführung angepaßt sein.

7. Sobald die Kabel mit Bleimantel versehen sind, ist ein feuchtigkeitssicherer Abschluß in solcher Vollkommenheit vorhanden, daß auch bei an sich hygroskopischer Isolierung wie Papier oder Baumwolle eine Tränkung des Fasermaterials fortfallen kann. Indessen sind in diesem Falle die Enden des Kabels entweder mit dichten Endverschlüssen zu versehen oder mit feuchtigkeitssicherer Masse zu imprägnieren.

Bei der Festlegung der Tabelle über die Abmessungen hat man sich im allgemeinen an bewährte Konstruktionen angelehnt. Die Mindeststärken des Bleimantels bei unbewehrten Kabeln sind aus naheliegenden Gründen stärker als die bei den bewehrten Kabeln. Lediglich bei den kleinsten Durchmessern ist es umgekehrt. Der Grund dafür liegt darin, daß man bei bewehrten Kabeln unter eine Mindeststärke des Bleimantels von 1 mm nicht heruntergehen kann, mit Rücksicht auf die bei der Armierung auftretenden Beanspruchungen. Ein zu schwacher Bleimantel kann durch die Armierungsdrähte leicht beschädigt werden, auch bei den in der Armiermaschine auftretenden Zugbeanspruchungen zerreißen.

Im allgemeinen werden die Bleimäntel der unbewehrten Schwachstromkabel mit 2 bis 3 % Zinn versetzt, um ihnen eine größere Festigkeit und Härte zu geben.

Die Prüfung der Bleikabel unter Wasser ist notwendig, weil mit Rücksicht auf den möglichen Fortfall der Tränkung selbst bei winzigen Poren im Bleimantel eine Zerstörung der Isolierung erfolgen kann. Deswegen mußte Wert darauf gelegt werden, daß der Bleimantel wirklich als absolut wasserdicht erwiesen ist. Von elektrischen Werten hat man sich auf die Festlegung des Isolationswiderstandes beschränkt und zwar ist derselbe in einer ganz bestimmten Schaltung zu messen. Die für Fernmeldekabel häufig wichtigen Werte der Kapazität und Induktivität zu normalisieren, lag weder Veranlassung noch Möglichkeit vor, da diese Werte je nach der Bauart und dem verwendeten Material außerordentlich verschieden sind. Die Festlegung von Zahlwerten muß daher für jeden einzelnen Fall besonders erfolgen. Bezüglich der Art der Messung für Kapazität und Induktivität ist auf die Definitionen der elektrischen Eigenschaften gestreckter Leiter zu verweisen (vgl. Seite 83), wo die Verhältnisse in Vielfachleitungssystemen im einzelnen behandelt sind.

8. Unter beweglichen Kontakten sind bei der Festlegung des Anwendungsbereichs auch ortsveränderliche Apparate zu verstehen. Es kommen also Birnen, bewegliche Druckknöpfe, Haustelephone und ähnliche Apparate in Frage. Die an die Schnüre zu stellende Forderung besteht darin, daß große Biegsamkeit mit einem gewissen Mindestmaß mechanischer Festigkeit vereinigt sein soll. Außerdem darf, da derartige Leitungsschnüre häufig eine nicht unerhebliche Länge haben, der Querschnitt nicht zu gering sein. Diesen Forderungen werden die Normalien dadurch gerecht, daß ein Mindestquerschnitt vorgeschrieben ist, die einzelnen Drähtchen auf einen Höchstdurchmesser beschränkt sind und daß außerdem der Kupferseele Baumwollängsfäden beigegeben werden, von denen etwaige Zugbeanspruchungen aufzunehmen sind. Die einzelnen Drähtchen sollen in zweckmäßiger Art zur Litze verseilt sein. Der Drall darf also eine gewisse Länge nicht überschreiten, um ein Aufdrehen der Litze zu verhindern.

Sachregister.

A-Draht (Asphaltdraht) 94, 95, 99, 100.
Abkühlungsverhältnisse 30, 70, 72.
Alte Normalien 50.
Aluminium 78.
Aluminiumleitungen 38, 78, 90.
Anhäufung von Kabeln 38.
Anschlußleitungen 39, 51.
Armaturbänder und -runddrähte 76.
Asphaltdraht (A) 94, 99, 100.
Aufbau des Kupferleiters bei Mehrfachbleikabeln 34.
Außenleiter bei konzentr. Kabel 35.
Ausfüllmaterial 66.
Azeton 46, 48.

BS-Leitungen (Schnüre) 98.
Bandarmierung 76.
Bandumwickelung statt Umklöppelung 74.
Bauart und Prüfung der Leitungen 20, 22.
Baumwolle und Ersatzstoffe 52.
Baumwollumspinnung der Kupferseele 61.
Bedeckung d. Bewehrung 77.
Beklöppelung 66, 67, 74.
— Ersatz der zweiten 68.
Belastungstabelle für Aluminiumleitungen 21, 38.
— für Bleikabel 37.
— für gummiisolierte Leitungen 36, 84, 87.
— bei intermittierenden Betrieben 38.
— bei Verlegung teilweise in Luft, teilweise in Erde 38.
Belastungszeit 85.
Beleuchtungskörper 26.
Berechnung des Reinkautschukgehaltes 48.

Beschaffenheit des Kupferleiters 20, 21.
Bestimmung der Füllstoffe des Kautschukmaterials 47.
— des spez. Gewichtes des Kautschukmaterials 46.
— der in $n/_2$-alkohol. Natronlauge lösl. Bestandteile 48.
— über Gummiprüfmethoden 46.
Betätigungskabel 79.
Betriebsspannung 80.
Bewegliche Kontakte 104.
— Leitungen 39, 70.
Bewehrung 58, 72, 76.
— als Tragorgan 73.
Biegeprobe 101.
Biegsamkeit der Litzen 13.
Bleiglätte 44, 45.
Bleikabel 21, 32, 34, 72, 90.
Bleimantelstärke 36, 76.
Börsennotizen 9.
Bühnenbeleuchtungskörper 63.

Chemische Schädigung, Schutz gegen 74.
— Untersuchung von Gummimischungen 46.
Compound 76.

Dichte 11.
Drahtarmierung 76.
Drahtbeklöppelung 68.
Draht mit Lack (Emaille)- u. Faserstoffisolation (L) 94.
— mit Papierisolation (P) 94.
Drahtseile 31.
Drahtseilbewehrung 72.
Draht- und Kabelkommission 18.
Drall 11, 13, 66, 104.
Drosselspule 81.
Druckstellen 32.
Durchschlagsfestigkeit und -sicherheit 77, 82, 83, 89.

Einleiter-Gleichstrom-Bleikabel 21, 32, 34.
Einleiterkabel für Wechselstrom 75.
Eisen als Leitungsmaterial 79.
Elektrische Osmose 54.
Elektrischer Sicherheitsgrad 77.
Elektrolytkupfer 7, 9.
Elektrolytische Verzinnung 41.
Erdungsleiter 28, 29, 31, 65, 67, 69, 73.
Ersatz für Beklöppelung durch zweite Bandumwickelung 74.
Erwärmung des Leiters 40.
— elektr. Leitungen 87.

FA-Leitungen (Fassungsadern) 21, 26, 59.
FA$_2$-Leitungen (Fassungsdoppeladern) 26.
Fahrstuhlkabel 51.
Faktis 44.
Falz bei Rohrdrähten 57.
Färbemittel für Kautschuk 44.
Fassungsadern (FA) 21, 26, 59.
Fassungsdoppeladern (FA$_2$) 26.
Fehler, schleichende 67.
Feingehalt 9.
Fernmeldeanlagen 91, 92.
Festigkeit des Leiters 40.
Feuerverzinnung 40.
Firmenkennfaden 50.
First latex crêpe 43.
Füllmaterial 64, 74.
Füllstoffe, organische 43, 44, 47, 48.

GA-Leitungen (Gummiaderleitung) 20, 22, 51, 53.
Geflecht als Erdungsleiter 69.
Gleichstromprüfung 54, 77.
Goldschwefel 44.
Gudron 102.
Gummi, regeneriert 45.
— spezif. Gewicht 45.
— mechanische Prüfung 49.
Gummiaderleitungen (GA) 20, 22, 51, 53.
— Spezial- (SGA) 20, 23.
Gummiaderdraht (Z) 94, 96, 102.
Gummiaderschnüre (SA) 21, 27.
Gummiabfälle, plastizierte 45.
Gummibleikabel 21, 32.

Gummifärbung 22, 45.
Gummigehalt 43.
— schwimmender 45.
Gummihülle 21, 42, 52, 64.
Gummikabel 74, 88.
Gummimischung 42, 44, 45, 46.
Gummischicht 23, 51.
Gummiumpressung 68, 69.
Gummizusatzstoffe 22.
Guttaperchadraht 93.

HK-Leitungen (Hochspannungsschnüre) 21, 30, 39, 69.
Handelskupfer 15.
Hanfkordel 28, 29, 67.
Hanf und Ersatzstoffe 52.
Harzgehalt des Rohkautschuk 43.
Harzziffer 43, 53.
Hevea-Kautschuk 43.
Hochspannungsschnüre (HK) 21, 30, 39, 69.
Höchststrom für intermittierende Betriebe 85, 99.
— für Dauerbelastung 88.
Höchsttemperatnr 84, 88.

Imprägnierung 52, 74, 76, 77, 80, 101, 102.
— gegen chem. Schädigung 74.
Indifferente Füllstoffe für Kautschuk 45.
Induktivität 81, 83.
Intermittierende Betriebe 37, 85, 89.
Internationale Kupfernormalien 8, 15.
Isolationsdicke 76, 84.
Isolationsfehler 45.
Isolationsmaterial 76, 84.
Isolationsschichten 36, 84.
Isolationswiderstand 77.
— Erhöhung des 44, 45.

Jute 52.
Juteisolation 76.
Juteumspinnung 77.

Kabel, Begriff 39.
— konzentrische, verseilte 79, 84.
— ohne und mit Bleimantel für Fernmeldeanlagen 97, 103, 104.
— teilweise in Luft, teilw. in Erde verlegt 88.
Kabelisolierung 75.

Kapazität 80, 83.
Kautschukabfälle, plastizierte 44.
Kautschukarten 43.
Kautschuk, Harzgehalt 43,45.
Kautschuklösungsmittel 46.
Kautschukmaterial, Untersuchung 46.
Kautschukmischungen 44, 45.
Kautschuk, regeneriert 44.
Kautschukuntersuchung 49.
Kautschuk, Waschverlust 43.
Kennfaden 49, 50, 99.
Konstruktionstabelle für Einleiter-Gleichstrom-Bleikabel 32.
Konzentrische Bleikabel 79.
— und verseilte Mehrleiter-Bleikabel 35.
Kranleitungen 30.
Kreide 44, 45.
Kronendraht 59.
Kupfer für Erdungsleiter 73.
— für Fernmeldeanlagen 94, 99.
Kupferklausel 9.
Kupferkurse 9.
Kupferleitungen 12, 14, 36.
Kupfermarken 9.
Kupfernormalien 8.
Kupferverbrauch Deutschlands 7.

L-Draht (mit Lack-[Emaille-] u. Faserstoffisolation) 95.
LT-Leitungen (Leitungstrossen) 21, 30, 31, 39, 66, 70, 71, 72, 73.
Ladeströme 81, 83.
Lackisolation 101, 102.
Lebensdauer des Kautschuk 43.
— des Kabel 83.
Leiter für Fernmeldeanlagen 92, 99.
Leiter aus anderen Metallen 40.
Leitfähigkeit 7.
Leitungen für Keller, Baderäume, Küchen 63.
— zum Anschluß für Handlampen in Betriebsstätten und Lagerräumen m. ätzenden Dämpfen 67.
— für feste Verlegung 22.
— für Beleuchtungskörper 26.
— zum Anschluß ortsveränderl. Stromverbraucher 21, 27, 62.

Leitungen zum Anschluß ortsveränderl. Stromverbraucher für Hochspannung 69.
— für sehr feuchte Räume (Spezialschnüre) 68.
— für bewegliche Kontakte (BS-Schnüre) 98.
Leitungsbündel 103.
Leitungstrossen (LT) 21, 30, 31, 39, 66, 70, 71, 72, 73.
Leitwert 7.
Litzen 13, 75.
Lösungsmittel f. Kautschuk 46.
Löten von Drähten 40, 71.

Marktberichte 9.
Maximalschalter 85.
Mehrfachschnüre, runde und ovale 28, 64, 74.
Mehrleiterbleikabel 79, 80.
Metallbewehrung 29, 31, 65, 67, 68, 69, 72.
Metalldrahthülle 58.
Metallmantel f. Rohrdrähte 25, 56.
— als Stromrückleiter 56, 57.
Metallschläuche 69.
Metallumwicklung 69.
Mikroporosität der Gummimischungen 44.
Mindestdrahtzahl f. Litzen 75.

Neutraler Leiter 79.
Niederspannungsanlagen 50.
Normalien, alte 50.
Normale Belastungswerte 88.
Normalfaden 50.
Normalgummi 68.
Normalkupfer 7.
Normalquerschnitte 52.
Normaltemperatur 11, 12.
Normalwerte für Kupfer, internationale 15.

Organische Füllstoffe 44.
Ortsveränderliche Stromverbraucher 62, 68.
Osmose, elektr. 54.
Ovale Mehrfachschnüre 64.

P-Draht (mit Papierisolation) 92, 95.
PA-Leitungen (Panzeradern) 20, 26, 58, 59.
PL-Leitungen (Pendelschnüre) 27.
Panzeradern (PA) 20, 26, 58, 59.
Papiergarn 52, 77.

Papierisolation 75.
Papier- u. Faserstoffbleikabel 21, 34.
Paraffinkohlenwasserstoff 44.
Parakautschuk 43.
Pendelschnüre (PL) 21, 27, 60.
Pflugleitungen 30, 70.
Phasenspannung 54.
Plantagenkautschuk 43.
Plastizität 45.
Preisbewegungen für Elektrolytkupfer 7, 9.
Prüfdrähte 36, 75, 79.
Prüfdrahtkabel 79, 80.
Prüfung der Verzinnung 41.
— und Bauart d. Leitungen 22.
— mit Gleichstrom und Wechselstrom 54, 82.
— verlegter Kabel 77.
— von Mehrleiterkabel 80.
— verlegter Netze m. hochgespanntem Gleichstrom 82.
Prüfspannungen 36, 77, 80, 81.
Prüftemperatur 82.

Qualitative Prüfung d. Kautschukmaterials 46.
Querschnittsform 79.

RA-Leitungen (Rohrdrähte) 20, 25, 55.
Ramiefaser 52.
Raumgewicht (Volumgewicht) 46.
Reduzierter Kabeldurchmesser 87.
Regenerierter Kautschuk 44.
Reinkautschukgehalt 48.
Resonanzerscheinungen 80.
Rohrdrähte (RA) 20, 25, 55.
— Strombelastung und Prüfung 57.
Rohrdrahtmetallmantel 56.
Rotfärbung des Kautschuks 44, 45.
Rosten der Rohrdrähte 56.
— der Bewehrung 76, 77.
Rostschutz 58, 77.
Runddrahtarmierung 76.

SA-Leitungen (Gummiaderschnüre) 27, 65.
SGA-Leitungen (Spezialgummiaderleitung) 20, 23, 55.
SK-Leitungen (Spezialschnüre) 21, 29, 68.

SGK-Leitungen (Spezialschnüre) 21, 29, 68.
Säurebeständige Leiter 53, 67, 74.
Schießleitungen 30, 73.
Schiffsinstallationen 74.
Schleichende Fehler 67.
Schmelzsicherungen 85, 88.
Schnüre (BS) für Fernmeldeanlagen 98.
Schutz aus gummiertem Band 66.
— durch Verbleiung 74.
Schutzerdung 72.
Schutzhülle 26, 58, 64, 66, 67, 68, 69, 74, 103.
Schutzpolster 31, 73.
Schwachstrom 91.
Schwarzwerden verzinnter Drähte 41.
Schwimmende Gummimischung 45.
Sektorleiter 79, 83.
Sicherheitsgrad, elektr. 77, 80, 81.
Spannung, Betriebs- 80.
— effektive, Phasen- 54.
Spannungsgrenze 75, 79.
Spannungsprüfung 53.
Spannungsgradient 78.
Speiseleitungen 75.
Spezifisches Gewicht d. Kupfers 11.
— Gewicht des Kautschukmaterials 46.
Spezialgummiaderleitungen (SGA) 20, 23, 55.
Spezialschnüre (SGK, SK) 21, 29, 68.
Sudverzinnung 40.
Standardkupfer 9.

Tabelle für Einleiter-Gleichstrombleikabel bis 750 Volt 32.
— über den Aufbau d. Kupferleiters in Mehrleiterkabel 34.
— über Bleimantelstärke u. Eisenbandbewehrung 35.
Talkum 44, 45.
Temperatur bei Spannungsprüfungen 54, 82.
— normale 11.
Temperaturkoeffizient 7, 11, 12.
Temperaturkorrektion 11.
Temperaturerhöhung 87.
Temperatur, Höchst- 84.
Tetrachlorkohlenstoff 46.

Sachregister.

Tragschnurlitze 27, 31, 61, 65, 73.
Trosse 70.

Übergangswiderstände 14.
Überlastbarkeit bei intermitt. Betriebe 85.
Überspannungen 80, 81, 83.
Übertemperatur 38, 39, 89.
Umklöppelung, Umspinnung 52, 58, 66.
Umhüllung v. Bleikabeln 72.
Umrechnung d. Kupferquerschnittes f. Aluminium 78.
— d. Belastungsstromstärke f. andere Metalle 90.
Unterscheidungsmerkmale b. Leitg. für Fernmeldeanlagen 90.
Untersuchung des Kautschukmaterials 46.
— von Kupferleitern 11, 14.
— von Gummi und Gummimischungen 90.

Verarmung an Imprägniermasse 89.
Verbindungsleitungen 88.
Verlegungstiefe 38.
Verlustziffer 83.
Verseilung 66, 79.
Verseilte u. konzentr. Mehrleiterbleikabel 35.
Verwendungsbereich 22, 50, 66.
Verzinnung 40, 99.
— Prüfung der 41.
Verzinnungsmethode, elektrolytische 41.

Vielfachleitungen für Fernmeldeanlagen 99.
Vulkanisation 40, 43.

WK-Leitungen (Werkstattschnüre) 21, 28, 66, 67, 73.
Wandstärke 76.
Wärmewiderstand für Erdboden und Isoliermat. 87.
Waschverlust b. Kautschuk 43.
Wasseraufnahmefähigkeit v. getränkt. Papier 82.
Wechselstromprüfung 55, 77.
Weißer Kennfaden 49.
Werkstattschnüre (WK) 21, 28, 66, 67, 73.
Wetterfeste und säurebeständige Imprägnierung 53, 74.
Wickelprobe 102.
Widerstand, spezif. 10, 12, 14.
Widerstandserhöhung 12.

Z-Draht (Gummiaderdraht) 45, 96, 102.
Zeitkonstante 85.
Zeresin 44.
Zimmerleitungsdraht 102.
Zimmerschnüre 27, 62, 63, 64.
Zink als Leitungsmaterial 40, 79.
Zinnschicht 40.
Zinnzusatz 104.
Zugbeanspruchung 76.
Zusatzstoffe für Kautschukmaterial 44.
Zusammensetzung der Gummihülle 20, 21, 42.
Zuschlag für Drall 14.

MIX
Papier aus verantwortungsvollen Quellen
Paper from responsible sources
FSC® C105338

If you have any concerns about our products,
you can contact us on
ProductSafety@springernature.com

In case Publisher is established outside the EU,
the EU authorized representative is:
**Springer Nature Customer Service Center GmbH
Europaplatz 3, 69115 Heidelberg, Germany**

Printed by Libri Plureos GmbH
in Hamburg, Germany